ULMER NATURFÜHRER

Christian Pott

Pflanzen und Tiere der Küste

280 Farbfotos

Ulmer

Inhalt

Vorwort

Wen zieht die Natur der Küsten und der Inseln nicht in ihren Bann? Viele Menschen genießen die Vorzüge des guten Klimas, der ganz besonderen Natur und Landschaft während ihres Urlaubs. Nebenbei bleibt immer ein wenig Zeit, zahlreiche Pflanzen und Tiere zu entdecken.

Hauptanliegen dieses Buches ist es, die Flora und Fauna dieses von extremen Bedingungen geprägten Lebensraums ausführlich darzustellen und dem Leser die Möglichkeit zu bieten, die Pflanzen und Tiere zu bestimmen und dadurch näher kennen zu lernen. Ein besonderer Schwerpunkt liegt dabei auf der Pflanzenwelt. Oft sah ich mich auf naturkundlichen Führungen mit der Frage konfrontiert: „Gibt es denn kein Bestimmungsbuch für die Pflanzen der Dünen und Salzwiesen?" Tatsächlich gibt es bisher kein Werk, das anschaulich und mit guten Abbildungen die meisten Pflanzen der Dünen und Salzwiesen darstellt. Nun soll dieses Buch Abhilfe schaffen und eine Lücke in der Bestimmungsliteratur schließen. Der Bestimmungsteil enthält darüber hinaus die wichtigsten Algen und Tiergruppen. Dabei wurden vor allem die Arten ausgewählt, die oft im Spülsaum oder am Strand gefunden werden. Ebenso werden zahlreiche Vogelarten beschrieben, die Dünen, Salzwiesen und Watt zu verschiedenen Zeiten des Jahres bevölkern.

Wichtig ist mir dabei, dass Algen und Tiere so dargestellt werden, wie der Spaziergänger sie am Strand findet, in den Dünen beobachtet oder auf der Salzwiese erkennt. Was nützt es, einen Tintenfisch abzubilden, wenn nur das Innenskelett der Tiere in Form eines Schulps angespült wird? Oder einen Vogel im Prachtkleid zu zeigen, das dieser nur während seiner Brutzeit in Sibirien trägt, während er an der Nordsee aber im schlichten Winterkleid zu sehen ist? Ebenso wird auf die Bewohner der Nordsee verzichtet, die sich dem Leser durch ihre untergetauchte Lebensweise verbergen, deren Reste nicht angespült werden und für die daher ein Tauchgang in der Nordsee unumgänglich wäre.

Mehr als 260 Arten in dem von Gezeiten, Sand und Wind beeinflussten Küstenstreifen und der Inseln werden vorgestellt. Dieses Buch erhebt keinen Anspruch auf Vollständigkeit, aber dem Leser wird ein Naturführer auf aktuellem Stand der Wissenschaft geboten. Es soll dem Naturfreund die Pflanzenwelt und die auffällige und überall gegenwärtige Tierwelt der zahlreichen Biotope auf einfache und verständliche Weise näher bringen. Dazu soll es eine vor allem leichte und schnelle Bestimmung der Organismen ermöglichen und durch sein praktisches Format und sein geringes Gewicht zu einem vernünftigen und ständigen Begleiter am Strand, in den Dünen oder bei einer Wattwanderung werden.

Münster, im Frühjahr 2006
Christian Pott

Einführung

Zur Benutzung dieses Buches

Die Beschreibung von Flora und Fauna bezieht sich auf ein Gebiet, das die vom Meer beeinflussten Salzwiesen und Dünen an der deutschen Küste von der Emsmündung bis zur Insel Sylt einschließt. Dazu gehören die ostfriesischen und friesischen Düneninseln, die nordfriesischen Marscheninseln und Halligen, die an der Festlandsküste gelegenen Außendeichsweiden, Salzwiesen, Kooge sowie die festländischen Dünen bei Cuxhaven und Sankt Peter-Ording. Selbstverständlich kann dieses Buch auch im dänischen und niederländischen Wattenmeer oder an der Ostsee benutzt werden. Ebenso wird der Leser viele der beschriebenen Arten im Bereich der belgischen und französischen Küste finden können.

Die Einleitung führt leicht verständlich in die Entstehung, die Dynamik, die waltenden Kräfte und Einflüsse sowie die unterschiedlichen Lebensräume dieser Landschaft ein. Die Aufteilung im Bestimmungsteil erfolgt nach folgenden Kriterien: Die Pflanzen sind nach ihrem Standort geordnet. Viele der Pflanzen haben sehr unscheinbare Blüten, die eine Einteilung nach der Blütenfarbe sinnfrei machen. Innerhalb eines Standortes stehen die Pflanzen einer Familie hintereinander, so dass sich ähnliche Arten gut vergleichen lassen.

Algen und Tiere sind in Großgruppen zusammengefasst und folgen innerhalb dieser Gruppen der natürlichen Systematik der Biologie. Die Bedeutung der Symbole wird in der vorderen Umschlagklappe erläutert. Da Pflanzen und Tiere dort leben oder wachsen, wo die Bedingungen optimal sind, kann diese Einteilung nur schematisch sein. Eine Pflanze, die in der oberen Salzwiese gefunden wird, die jedoch im Bestimmungsteil im Bereich der unteren Salzwiese beschrieben wird, wächst vielleicht an der Kante eines Prieles in der oberen Salzwiese, wo die Bedingungen von denen der unmittelbaren Umgebung abweichen können.

Der Seitenaufbau im Bestimmungsteil gliedert sich in die Nennung der deutschen und wissenschaftlichen Namen von Art und Familie, bei den Tieren auch des Stammes oder der Klasse. Die Farbfotos zeigen das typische Erscheinungsbild der Arten. Im beschreibenden Text werden die wichtigsten Erkennungsmerkmale erklärt und zusätzliche Informationen über die Verbreitung sowie Wissenswertens zu Heilkräften, biologischen Besonderheiten, Legenden etc. gegeben. Ein Symbolschlüssel hilft bei der schnellen Bestimmung durch wichtige Merkmale (siehe vordere Umschlagklappe). Im hinteren Teil des Buches (siehe Seite 244) wird in einem Blühzeitenkalender dargestellt, welche Pflanzen wann im Gebiet blühend anzutreffen sind. Fachbegriffe werden in einem kleinen Küstenlexikon ab Seite 248 erklärt.

Pflanzen und ihre Lebensräume an der Küste

Die Salzwiesen und Dünen der Nordseeküste sind besondere Lebensräume, die durch den Wechsel der Gezeiten geprägt sind. Die Massenanziehungskräfte von Sonne und Mond und die Fliehkraft im System Erde-Mond sind die Hauptursachen für die Entstehung von Ebbe und Flut. Es bilden sich zwei Flut-

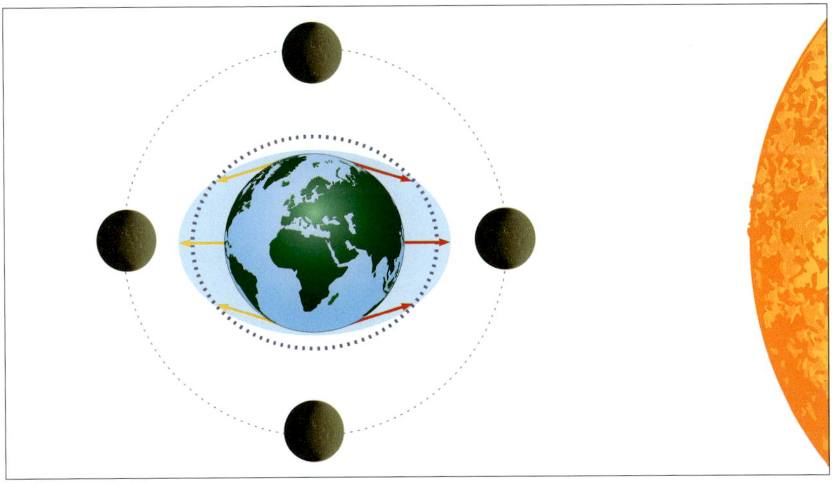

Die Gezeiten entstehen durch ein Zusammenspiel der Massenanziehungs- (roter Pfeil) und Fliehkräfte (gelber Pfeil) der Planeten Mond, Erde und Sonne. Es entstehen zwei Flutberge, unter denen sich die Erde hindurchdreht. So gibt es zweimal Hoch- und Niedrigwasser an einem Tag.

berge, die ständig die Erde umlaufen. Ein Ort auf der Erdoberfläche wandert also zweimal am Tag unter einem solchen Flutberg hindurch. Eine geringfügige Verschiebung der Tiden wird durch die abweichende Anziehungskraft der Sonne und durch unsere Zeitrechnung verursacht.

Wind, Sand und Meer entscheiden über die Zusammensetzung der Pflanzenwelt an der Küste. Einen sehr großen Einfluss hat auch das Meerwasser durch seinen Salzgehalt. Dieser beträgt in der südlichen Nordsee etwa 25 bis 30 ‰. Der Salzgehalt wirkt sich als limitierender Faktor auf das Wachstum der hier siedelnden Pflanzen aus. Salz entzieht der Pflanze Wasser und ist daher Gift für die Pflanzenzellen (es ist „osmotisch aktiv“).

Zahlreiche Mechanismen sind von den Pflanzen entwickelt worden, um dieser Situation gewachsen zu sein. Entweder hat die Pflanze ihren Vegetationszyklus verkürzt, lebt nur ein Jahr oder eine Vegetationsperiode und stirbt ab, bevor das Salz ihr schaden kann. Oder aber sie schafft aktiv Abhilfe, z. B. durch eine Absonderung des Salzes über Pflanzenteile, Haare oder aktive Drüsen. Manche Arten sorgen für eine Verdünnung der Salzkonzentration oder für einen Ausgleich durch die Eigenproduktion von gegen den Wasserentzug wirksamen Substanzen wie Zuckermolekülen, die der Zelle nicht schaden. Ein dritter Schutz ist die Eindämmung der Verdunstung oder der Meerwasseraufnahme. In Abhängigkeit von der Überflutungshäufigkeit und der damit verbundenen Salzkonzentration in ihrer unmittelbaren Umgebung, der Bodenbeschaffenheit, von Wind- und Strömungsrichtung und -stärke ist auf diese Weise das Überleben dieser spezialisierten Pflanzen gesichert.

Erst Meeresströmungen und Winde ermöglichten allerdings die Entstehung einer solchen Spezialisten-Flora. Ein flach abfallender Meeresboden wie an der deutschen Nordsee-

Ebener Strand, auf dem steter Wind und regelmäßige Überflutungen mit Salzwasser kaum Vegetation zulassen.

küste bildet dafür die optimale Grundlage. Auf strömungsgünstig gelegenen Sandplaten, die nach und nach durch natürliche Materialumlagerungen und Sandaufspülungen aus dem Meer herauswuchsen, konnten erste angespülte Samen keimen. Die ausgewachsenen Pflanzen stellten ihre Halme gegen den Wind. So konnte in ihrem Windschatten vom Wind transportierter Sand gefällt und angehäuft werden. Es entstanden kleine Sandhügel. Das weitläufige Wachstum, intensive Wurzelbildung und die Fähigkeit der meisten Dünengräser, aus der Übersandung wieder herauszuwachsen, sorgte für die allmähliche Entstehung hoher, flutsicherer Dünen. Die höchsten unter ihnen erreichen auf den ostfriesischen Inseln Höhen von 20 bis 25 m.

Im so entstandenen Wind- und Strömungsschatten, also auf der Lee-Seite, konnten sich auf der Ost- und Südseite der Inseln große flache Sandplaten etablieren. Auf ihnen siedelten rasch salzwasserresistente Pflanzen. Große, dicht mit Queller bewachsene Flächen ermöglichen eine starke Wasserberuhigung, so dass Schwebstoffe schneller zu Boden sinken können. Diese werden vom Wurzelwerk der Pflanzen festgehalten, so dass sie nicht gleich wieder fortgespült werden können. Dadurch erhöht sich der Meeresboden Millimeter für Millimeter. Entsprechend nimmt die Überflutungshäufigkeit ab und neue Pflanzen können siedeln. Es entsteht Land, dass irgendwann dem Salzwassereinfluss des Meeres gänzlich entzogen sein wird. Niederschläge sorgen für ein allmähliches „Aussüßen" des Bodens und für die Bildung von Grundwasser. Dies ermöglicht nach und nach auch salzwasserempfindlichen Pflanzen, auf dem Neuland zu siedeln.

Die Dünenformen

Die Dünen an der deutschen Nordseeküste entstanden also durch das Zusammenwirken von Wind, Sand und Pflanzen. In ihrer typischen Abfolge werden die niedrigen, seewärtig gelegenen Dünen als Embryonal- oder

Embryonal- oder Primärdünen, in denen Strandweizenpflanzen erste Sandansammlungen verursachen.

Primärdünen bezeichnet. Ihnen schließen sich die hohen Weiß- oder Sekundärdünen an, denen wiederum im Inselinnern die älteren Grau- und Braundünen folgen. Diese werden auch als Tertiärdünen bezeichnet.

Der zunächst vegetationslose und lebensfeindliche **Strand** wird nur vereinzelt bei lokal verfügbarem Nährstoffangebot von einigen Blütenpflanzen besiedelt. Dies ist im Bereich der Springtide-Hochwasserlinie möglich: Die Sturmfluten des Winters lassen hier einen Saum aus angespültem Material (abgerissene Tange, Pflanzenreste, Treibsel) entstehen, den Spülsaum. So entsteht hier ein kurzfristiges Stickstoffangebot und die angespülten Samen einiger Spezialisten (Meersenf, Kali-Salzkraut) lassen eine instabile einjährige Pflanzengesellschaft entstehen. Sie zieht sich in einer unvollständigen Kette am Fuß des äußeren Dünenzuges entlang. Diese als Spülsaumgesellschaft bezeichneten Pflanzenbestände können schon mit der nächsten Sturmflut wieder zerstört werden.

Innerhalb der sich anschließenden **Primärdünen** herrscht überwiegend eine Ein-Arten-Pioniergesellschaft vor. Sie wird vom Strandweizen dominiert. Dieses robuste Gras ist als wirksamer Sandfänger in der Lage, Dünen bis auf eine Höhe von etwa einem Meter anwachsen zu lassen. Befähigt wird er dazu durch die Eigenschaft, aus Sandüberwehungen wieder herauszuwachsen.

Nicht nur der Strandweizen, auch alle weiteren Dünengräser sind erstaunlich widerstandsfähig. Sie besitzen eine dicke Wachsschicht, die Kutikula, die ein Verdunsten des lebensnotwendigen Wassers einschränkt und sie zusätzlich vor dem starken Sandstrahlgebläse schützt, das der stetige Wind auf dem barrierefreien Strand verursachen kann. Die bei diesen Grasarten auf der Oberseite der Blätter gelegenen Spaltöffnungen (dienen dem Gasaustausch, lassen aber auch Feuchtigkeit entweichen) können zusätzlich geschützt werden, indem die Blätter bei zu starker Sonneneinstrahlung eingerollt werden.

Weiß- oder Sekundärdünen mit einer typischen Strandhafer-Pflanzengesellschaft.

Karg bewachsene Graudünen mit eingestreuten Gagelstrauch- und Krähenbeerheiden.

Bei einigen Arten reflektiert die Unterseite der Blätter das vom Sand abgestrahlte Sonnenlicht und die Wärme zurück.
Der in diesen Bereichen noch recht starke Salzgehalt von Boden und Wasser setzt eine gewisse Salztoleranz bei den hier siedelnden Gräsern und Pflanzen voraus. Strandweizenkeimlinge benötigen überdies sogar Salzwasser zur Keimung. Die Fähigkeit des ständigen Weiterwachsens macht sie zu optimalen Dünenbildnern. Mit ihren mehrere Meter langen Wurzeln erreichen sie nach und nach in den Dünen aussüßendes Grundwasser. Daneben ist die Auswaschung von Salz und Kalk aus dem Dünensand durch Niederschläge eine weitere Voraussetzung für die Entstehung der **Weiß- oder Sekundärdünen**.
Diese bis zu 25 m hohen Dünen, in denen noch der weiße Sand zwischen den Gräsern sichtbar ist (daher der Name), werden von einer weiteren Grasart, dem Strandhafer, dominiert, der längere Wurzeln ausbilden kann als der Strandweizen. Wie letzterer ist auch der Strandhafer mit seinen harten Rollblättern und einem ausgedehnten Wurzelsystem sehr gut an diesen Lebensraum angepasst. In bewegtem Sand muss der Hafer ständig weiterwachsen und Wurzeln bilden. So erschließt er sich immer neue Nährstoffquellen in einer sonst kargen Umgebung. Das führt zusätzlich zur Festigung der Dünen von innen. Ist der Sand einmal festgelegt und ruht, werden die Wurzeln des Strandhafers von Fadenwürmern (Nematoden) befallen und dadurch geschädigt; die Pflanzen „verhungern" und weichen anderen Arten. Dadurch wird letztendlich auch die maximale Höhe einer Düne bedingt.
In alternden Weißdünen, wo die Sandüberwehungen reduziert werden, die die Dünengräser zum Wachsen brauchen, bildet sich langsam eine dünne Humusschicht, die den Boden grau einfärbt. Es entsteht eine **Graudüne**. Vorherrschend wachsen hier an große Trockenheit angepasste Gräser. Auf der windabgewandten Seite der Dünen herrscht ein anderes Kleinklima, was die Zusammensetzung der Pflanzengesellschaft beeinflusst. Bis zu zwei Meter hohe Sanddorn- und Holundergebüsche können im Windschatten der Dünen und ihrer selbst gedeihen. Gräser wie Rot-Schwingel und Strandroggen prägen die freien Bereiche. Eingestreut existieren viele trockenheitsliebende, farbig blühende Sandpflanzen wie Stranddistel, Strand-Platterbse oder Dünen-Nachtkerze, die für ein paar Farbaspekte in der trockenen und eintönigen Dünenlandschaft sorgen.
Fortschreitende Bodenbildung und zunehmender Pflanzenbewuchs sorgen für eine stärkere Humusbildung. Eisenhydroxidhaltige Säuren werden ausgewaschen und geben der Düne eine braune Bodenfärbung. Dies führte zu der Bezeichnung **Braundüne**. Eine geschlossene Pflanzendecke und endgültige Festlegung des Bodens sind die Kennzeichen der alten Braundünen. Hier herrscht auch die höchste Artenvielfalt innerhalb der Dünenlandschaft. Mikroklimatische Unterschiede zwischen Nord- und Südhang einer Düne lassen auf beiden Seiten unterschiedliche Pflanzengesellschaften entstehen. Der starker Sonneneinstrahlung und den damit verbundenen hohen Temperaturunterschieden ausgesetzte Südhang zeichnet sich durch eine Trockenrasenflora aus, die überwiegend aus Silbergras, Ruchgras und der Draht-Schmiele besteht. Trockenheitsliebende Blütenpflanzen wie Sandglöckchen, Habichts- und Leinkräuter sowie verschiedene Klee-Arten sorgen für farbige Abwechslung. Die Nordhänge, an denen feuchteres Klima herrscht, sind fast ausschließlich mit Krähenbeerheiden und Tüpfelfarnen bewachsen. Niedrige Gebüsche, wie Kriech-Weiden und Dünen-Rosen, prägen das Bild in den windgeschützteren Bereichen. Sie bilden Windschutz für andere Gebüsche wie Sanddorn und Holunder oder ersten

Braun- oder Tertiärdünen mit der typisch scharfen Trennung zwischen Nordhang- und Südhang-biotopen.

Baumarten wie Pappeln und Birken. Die detaillierte Beschreibung der zahlreichen Pflanzengesellschaften, die in den älteren Grau- und Braundünen das Bild bestimmen, würde hier zu weit führen. Die Vielfalt zeigt sich anschaulich im Abschnitt über die Pflanzen der Braundünen in diesem Buch.

Die ausgesüßten Braundünen bieten durch ihre hohe Artenvielfalt auch zahlreichen Tierarten Lebensraum. Neben Brutmöglichkeiten für Brandgänse, Eiderenten, Brachvögel oder Austernfischer sind vor allem die beerentragenden Zwergsträucher und Gebüsche Grundlage für einen erfolgreichen Singvogelzug.

Zwischen den Dünenkuppen können durch Wanderung der Dünen, aber auch die ständige Einwirkung des Windes auf vegetationsarme Flächen und die damit verbundene Ausblasung des Sandes Dünentäler mit Grundwasseranbindung entstehen. Innerhalb dieser Dünentäler, in denen im Winter das Grundwasser zutage tritt, können sich moorige Bereiche entwickeln. Sie bieten besonderen und seltenen Pflanzenarten beste Lebensbedingungen. Neben Wintergrün- und Sonnentaugewächsen gehören auch zahlreiche Orchideen und Sauergräser wie das Wollgras dazu. In windgeschützten, vom Menschen unbeeinflussten Tälern entstehen nach und nach kleine Wäldchen. Diese bestehen überwiegend aus Moor-Birken, Zitter-Pappeln und Schwarz-Erlen. Gelegentlich erscheinen auch Kiefern und Stiel-Eichen.

Durch Wandern in den Dünen außerhalb der Wege sowie durch Beweidung und Brennholzgewinnung wurde an zahlreichen Stellen die Pflanzendecke zerstört. Viele Pflanzen, insbesondere die Dünengräser, sind nicht trittfest. Die Folge sind ungebremste Einwirkung des Windes (Windausblasungen) an vegetationslosen Stellen und Rückgang (Regression) der Dünen. Durch systematische Schutzmaßnahmen konnten die natürliche Dynamik der Dünen und damit deren Schutzwirkung gegen Sturmfluten (Schutzdünen!) erhalten oder wiederhergestellt werden.

Dicht wachsende Quellerpflänzchen an einer Abbruchkante in der Verlandungszone.

An der seewärtigen Seite sind häufig Reisigzäune in den Dünen zu finden. Diese Sandfangzäune sind eine Küstenschutzmaßnahme, die vor allem in ausgespülten Bereichen eine schnelle Reparatur der Dünen ermöglichen und die natürliche Arbeit der Dünengräser unterstützen. Sie ersetzen die Gräser an dieser Stelle, da eine neu gesetzte Standhaferpflanze etwa 2 Jahre zum Anwachsen benötigt.

Die Salzwiesen

Noch stärker als in den Dünen ist das Wachstum der Pflanzen in der Salzwiese vom Meer beeinflusst. Zusätzlich zum Salzgehalt des Bodens erschwert hier noch die regelmäßige Überflutung das Wachstum der Pflanzen. Je nach Höhe des Bodens wird das Gelände unterschiedlich häufig von Salzwasser bedeckt. Die Ausdehnung solcher Salzwiesen wird durch das Zusammenspiel verschiedener Faktoren beeinflusst. Grundvoraussetzung ist der sehr seicht abfallende Meeresboden und die Barrierewirkung der Inseln und ihrer Dünen. Durch die großen in die Nordsee mündenden Flüsse gelangen viele Schwebstoffe und Sedimente in die Nordsee. Mit zunehmender Sedimentablagerung nehmen Bodenhöhe, Bewuchsdichte und Artenvielfalt zu, die Überflutungshäufigkeit nimmt ab. Die standörtliche Vielfalt wechselt auf geringster Fläche in einer sogenannten Millimeter-Höhen-Differenzierung. Zahlreiche Biotoptypen sind hier miteinander verzahnt und entwickeln sich ständig weiter: ein natürlicher Prozess, der die Dynamik einer Salzwiese widerspiegelt.

Eine Salzwiese wird je nach Bodenhöhe und dem davon abhängigen Bewuchs vereinfacht in drei verschiedene Zonen eingeteilt. Der unterste, zwischen 40 und 25 cm unterhalb der Mitteltidehochwasserlinie gelegene Bereich wird als **Pionier**- oder **Verlandungszone** bezeichnet. Hier siedeln die ersten Landpflanzen. Es dominieren einjährige, extrem salzwasserresistente Pflanzen wie der Queller

Große Wermut- und Strandfliederbestände prägen im Sommer die untere Salzwiese.

Überflutete untere Salzwiese im Spätsommer mit blühenden Strandfliederbeständen.

oder die Salz-Sode. Viele Pflanzen stehen bei fast jeder Tide, also zweimal am Tag oder mehr als 700-mal im Jahr, unter Wasser. Entsprechend ist der Aufwand, sich gegen das für die Pflanzenzellen giftige Salz zu wehren, immens. Zahlreiche Arten haben verschiedene Methoden der Anpassung entwickelt (siehe unten).

In der Verlandungszone ist die Artenvielfalt noch sehr gering. Neben den beiden genannten „salzliebenden“ Pflanzen (Halophyten) gedeiht hier noch das Schlickgras, welches sogar auf vorgeschobenem, also noch weiter außen liegendem Standort im Wattenmeer existieren kann. Dicht wachsende Quellerpflanzen sorgen für eine erhebliche Wasserberuhigung, die es feinsten vom Wasser mittransportierten Schwebstoffen ermöglicht, abzusinken. Nach und nach steigt der Meeresboden, so dass er nicht mehr bei jedem Hochwasser überspült wird.

Ab einer Höhe von etwa 20 cm unter Mitteltidehochwasser (kurz MTHW, siehe Seite 249) weichen die Quellerpflanzen dem Charaktergras der nächsten Zone: dem blaugrün beblätterten Andel oder Strand-Salzschwaden. Diese Zone wird entsprechend auch als **Andelgraszone** oder **untere Salzwiese** bezeichnet. An Abbruchkanten und bei Verzahnung mit Quellerbeständen wächst der sonst dichte Andelrasen bultenförmig. An Prielrändern und dort, wo eine Beweidung ausbleibt, überwiegt als bestandsbildende Kennart der unteren Salzwiese die Strand-Salzmelde (auch Portulak-Keilmelde genannt). Sie verdrängt durch ihren dichten Polsterwuchs die meisten anderen Pflanzen in diesem Areal. Dominiert dagegen der Andel, wird auch anderen Pflanzen das Wachstum ermöglicht. So gibt es den im Spätsommer violett blühenden Strandflieder, den erfrischend duftenden Strand-Wermut, Löffelkräuter, Strand-Astern und weniger auffällige Pflanzen wie Strand-Wegerich, Strand-Melde oder Strand-Dreizack. Sie lassen die Salzwiese fast jede Woche in einem neuen Farbaspekt erstrahlen. Alle Pflanzen entsorgen das überschüssige Salz auf ihre Weise, sei es durch aktives Abscheiden über Salzdrüsen (Strandflieder), durch Verlagerung in Pflanzenteile, die dann abgestoßen werden (Strand-Aster, Strand-Wermut) oder durch Eigenproduktion von Zuckern, die trotz des Soges durch die hohe Salzkonzentration außerhalb der Pflanze das Wasser in den Pflanzenzellen halten und auf diese Weise für einen Druckausgleich sorgen (Strand-Dreizack). Die Andelgraszone wird je nach Höhe zwischen 100- und 400-mal im Jahr überflutet.

Im oberen Bereich, wo der Regen für eine fortschreitende Entsalzung des Bodens sorgt, können auch andere Gräser gedeihen und der Andelgrasrasen weicht mehr und mehr dem Boddenbinsenrasen. Die Bodden- oder Salz-Binse ist in Höhen ab 25 cm über Mitteltidehochwasser ein bestandsbildendes Sauergras. Aufgelockert wird die satte grüne Einfarbigkeit durch die rosafarbenen Tupfen der Strand-Grasnelken. In etwas niedriger gelegenen Bereichen kann eine kleine Primel, das Strand-Milchkraut, mit ihren rot-weißen Blüten teppichartige Bestände bilden. Der Boddenbinsenrasen leitet zur nächsten Zone über, der **oberen Salzwiese**, die auch als **Rotschwingelzone** bezeichnet wird. Namengebend ist hier der Rot-Schwingel, ein dicht wachsendes, salzwasserresistentes Süßgras, welches ein wertvolles Futtergras darstellt und überwiegend auf Außendeichsweiden zu finden ist. Durch die Einstellung oder Verringerung der Beweidung kommt es immer häufiger zur Blüte und kann sich dadurch noch besser etablieren. Es wird jedoch auch immer öfter durch einwandernde Queckenrasen verdrängt. Farbaspekte setzt hier die Dornige Hauhechel. Die obere Salzwiese steht nur noch bei Springtiden oder bei Wintersturmfluten außerhalb der Vegetationsperiode unter Wasser.

Obere Salzwiese, deren Bild mehr und mehr von eingewanderten Queckenrasen geprägt wird.

Dies geschieht zwischen 10- und 100-mal im Jahr.

Durch Niederschläge ausgesüßte Salzwiesen ohne Meerwassereinfluss oder Salzwiesen mit Grundwasseranschluss werden von großflächigen Schilfbeständen bedeckt. Sie liegen meist am oberen Ende der Salzwiesen im unmittelbaren Übergang zu Dünen oder Deichen. Die Röhrichte bieten bodenbrütenden Greifvögeln wie Sumpfohreule oder Korn- und Rohrweihe geschützte, ungestörte Nistplätze. In seltenen Fällen besteht ein direkter Übergang zwischen Salzwiese und Dünen. In diesem vom süßen Grundwasser der Dünen beeinflussten Bereich gedeihen neben ausgedehnten Schilfröhrichten auch feuchtigkeitsliebende Sauergräser wie die Sand-Segge, die Strandsimse und verschiedene Riedgräser. Diese Übergangswiesen sind beliebte Brutplätze von Großen Brachvögeln und Kiebitzen.

Salzwiesen werden in ihrer Gesamtheit zu jeder Jahreszeit von einer Vielzahl Vögel bevölkert. Im Winter dienen sie den zu Tausenden im Wattenmeer überwinternden Gänsen als Nahrungsgrundlage. Im Frühjahr und Sommer brüten hier neben Möwen und Seeschwalben viele Watvögel (Limikolen) wie Austernfischer, Uferschnepfen, Rotschenkel und Säbelschnäbler. Während der Vogelzugzeiten im Frühjahr, Spätsommer und Herbst werden sie von Millionen Watvögeln als Rastplätze geschätzt und zur Nahrungsaufnahme aufgesucht.

In vielen Salzwiesen wurde die natürliche Aufschlickung, also die Ablagerung von Sedimenten, in den vergangenen Jahrzehnten durch den Menschen stark beeinflusst. Als Maßnahme zur Landgewinnung einerseits, mehr aber noch zum Schutz der Deiche, wurde der Sedimentationsprozess in den Salzwiesen durch den Bau von kleinen Entwässerungsgräben (Grüppen) und Pfahlreihen zur Wasserberuhigung (Lahnungsfelder) erheblich beschleunigt. So entstand schnell neues und sehr ertragreiches Weidegrünland. Aller-

Salzwiese, deren Entwässerung durch Begrüppung beschleunigt wurde (sogenannte „künstliche Salzwiese“).

dings wurde dadurch die Artzusammensetzung der Salzwiesen stark verändert. Der Anteil der oberen Salzwiese nahm im Vergleich zu den beiden anderen Zonen um ein Vielfaches zu. Meist werden solche Flächen und das darauf befindliche Vieh durch einen niedrigen Sommerdeich vor Springtiden und kleinen Sommersturmfluten geschützt. So entfällt der natürliche Tideeinfluss und die Wiesen süßen schneller aus. Im Zuge von Naturschutzmaßnahmen wird inzwischen häufig die Beweidung reduziert oder eingestellt, was aber wiederum zur Folge hat, dass sich die Artzusammensetzung durch einwandernde, dominantere Pflanzenarten (z. B. Quecken) erneut unnatürlich verändert.
Viele Salzwiesen sind zum Schutz der Vögel und der Vegetation zur Ruhezone des Nationalparks erklärt und für den zunehmenden Besucherverkehr gesperrt worden. Die ganze Dynamik einer Salzwiese ist inklusive ihrer Düfte und Gaumenfreuden auf einer fachkundig geführten Wanderung erlebbar.

Das Watt

Die Watten unterliegen dem regelmäßigen Einfluss der Tiden und sind bei Hochwasser vollständig mit Wasser bedeckt. Abgesehen von zahlreichen Algen ist das Watt aufgrund seiner für Pflanzen äußerst lebensfeindlichen Umgebung eher vegetationslos. Trotzdem schaffen es einige wenige Arten der höheren Pflanzen, selbst in dieser Umgebung zu überleben. Zu ihnen gehören die Seegräser, die auch die einzigen komplett im marinen Milieu untergetaucht lebenden Blütenpflanzen sind. Die in drei bis vier Meter Wassertiefe von den zwei Seegras-Arten aufgebauten untermeerischen Wiesen sind auf stark salzhaltige Standorte der Gezeitenzone angewiesen. Die Wiesen des Echten Seegrases liegen auf Sandwatten unterhalb der Niedrigwasserlinie und sind ständig von Wasser bedeckt, während das Zwerg-Seegras ausschließlich auf Schlickwatten vorkommt, die bei Niedrigwasser trockenfallen können. In Prielen, die die Salzwiesen entwässern, kommen land-

Die vegetationslosen Watten werden von zahllosen Tieren besiedelt, deren bekanntester Vertreter der Wattwurm ist. Seine Kothaufen bestehen nur aus Sand.

einwärts Vergesellschaftungen des Zwerg-Seegrases mit Queller- und Schlickgrasbeständen vor.

Algen

Algen repräsentieren die erste erfolgreiche, auch heute noch weit verbreitete Pflanzengruppe. Sie sind fast ausnahmslos an ein Leben im Wasser angepasst und stellen die vorherrschenden Sauerstoffproduzenten in allen aquatischen Lebensräumen dar. Von ihrer Aktivität hängt die Existenz aller übrigen im Wasser lebenden Organismen ab. Die einzelnen Algengruppen werden nach der Zusammensetzung ihrer Photosynthesepigmente und dem damit verbundenen äußeren farblichen Erscheinungsbild unterschieden (Grün-, Braun- und Rotalgen).

Die meisten Algen leben im Plankton oder im Benthos (festsitzende Lebensweise, hier beschriebene Arten). Ohne den Auftrieb des Wassers würden Algen in sich zusammensinken. Viele Arten kommen in der Gezeitenzone oder in anderen zeitweilig trockenfallenden Lebensräumen vor.

Die Tierwelt der Küste

Das europäische Wattenmeer ist einer der produktivsten Lebensräume der Erde. Oft wird seine Produktion an Biomasse mit der des tropischen Regenwaldes verglichen. Der Wattboden hat eine Produktivität von sieben Tonnen tierischer Biomasse pro Hektar! Verantwortlich dafür ist unter anderem die riesige Anzahl von Lebewesen, die zumeist verborgen im Wattboden das Wattenmeer besiedeln.

Die Ostsee ist mit 8000 Jahren ein sehr junges Meer und fast vollständig von Land umgeben. Sie wird durch zahlreiche Flüsse mit frischem Wasser versorgt – die einzige Verbindung zu salzigem Seewasser führt über Skagerrak und Kattegatt in die Nordsee. Daher ist der Salzgehalt in der Ostsee gering und nimmt zudem Richtung Osten ab; durch

Herzmuscheln können sich, wenn sie ausgegraben oder freigespült wurden, aus eigener Kraft in Minutenschnelle wieder eingraben.

Als leuchtend rote „Krabbe" an Bord eines Kutters ist die Nordseegarnele bekannt. Wie gut sie durch ihren sandfarbenen bis fast durchsichtigen Körper im Meer getarnt ist, wissen allerdings nur wenige Menschen.

die Zergliederung in viele separate Teilbecken nicht kontinuierlich, sondern zum Teil sehr sprunghaft. Es findet daher auch kaum Wasseraustausch statt. Deshalb ist die Vielfalt der Tier- und Pflanzenarten in der Ostsee nicht so groß wie in der Nordsee. Dennoch ist die Ostsee wegen ihres Fischreichtums berühmt. Dieser beruht mitunter auf dem nährstoffreichen Wasser und den stabileren Bedingungen, denn die Ostsee ist kaum von Gezeiten beeinflusst. Dies wiederum begrenzt die Anzahl der möglichen Biotope und damit die Artenvielfalt.

Muscheln und Schnecken

Eine besonders auffällige Gruppe stellen die Muscheln und Schnecken dar, die zu den Weichtieren oder Mollusken gehören. Ihre Schalen liegen massenweise am Strand, nahezu jeder Urlauber erfreut sich an ihnen (solang er nicht barfuß durch Muschelschill wandern muss) und sammelt davon einige als Andenken.

Muscheln beeinflussen durch ihre Kalkschale das Wachstum der Pflanzen in den Dünen erheblich, denn der fein geriebene Kalk der Schalen vermischt sich mit dem Sand und säuert den Boden an. Kalkscheue Pflanzen können in diesen Bereichen nicht gedeihen. Muscheln und Schnecken leben in oder auf dem Meeresboden. Sie sind sehr gut an die Gezeiten angepasst. Alle Mollusken des Meeres atmen über Kiemen. Sie sind also auf das Meerwasser angewiesen. Fallen die Watten trocken, fehlt ihnen ihr Element. Auf dem Wattboden lebende Muscheln schließen sich, Schnecken verschließen die Öffnung des Gehäuses mit einem kleinen Deckel oder saugen sich am Untergrund fest. Einige Arten überleben in Gezeitentümpeln, kleinen Be-

cken in Watt und Fels, in denen Meerwasser zurückgeblieben ist und nicht abfließen kann. Muscheln, die im Wattboden leben, ziehen sich meist ein wenig tiefer zurück, verkürzen ihre Atemrohre (Siphonen) und verschließen ihre Klappen fest. So überdauern sie die Trockenzeit der Ebbe und versuchen, dem Schnabel eines hungrigen Austernfischers zu entgehen.
Eine weitere zu den Mollusken zählende Gruppe sind die „Tintenfische“ oder Kopffüßer. Ihre Schale ist häufig fast völlig in eine Tasche in das Innere ihres Weichkörpers verlagert – man findet sie als Schulp am Strand. Kopffüßer sind getrenntgeschlechtlich. Mit Hilfe einer Tintendrüse können sie eine tintenähnliche Flüssigkeit produzieren. Bei Gefahr stoßen die Tiere eine undurchsichtige Wolke aus, in deren Schutz sie dann zügig verschwinden.

Stachelhäuter, Würmer und Nesseltiere

Viele weitere Tiergruppen sind in Wattenmeer und Ostsee zuhause, von denen einige hier vorgestellt werden.
Stachelhäuter, das sind Seeigel und Seesterne, zeichnen sich durch ihre im Tierreich einzigartige fünfstrahlige Symmetrie aus. Kalkige Platten bilden das Außenskelett der Tiere, mit kleinen Saugfüßchen bewegen sie sich fort. Sie leben als Weidegänger oder räuberisch auf dem Meeresboden und ernähren sich von Kieselalgen oder Muscheln. Im Bereich des Wattenmeeres leben nur wenige Arten, von denen Seestern und Herzigel die häufigsten sind.
Die auffälligste Wurmgruppe sind eindeutig die Borstenwürmer, deren häufigster Vertreter der bekannte Wattwurm ist. Er lebt in einer U-förmigen Wohnröhre unter der Wattoberfläche und garniert mit seinen typischen Sand-Kothaufen den Wattboden. Neben fast 100 Borstenwurmarten sind im Wattenmeer zahlreiche Arten aus anderen Wurmgruppen heimisch. Bekannte Vertreter der Borstenwürmer sind Bäumchen-Röhrenwurm, Köcherwurm, Kotpillenwurm oder See- und Meerringelwurm. Viele von ihnen leben versteckt im Wattboden und verraten sich nur durch die Ein- und Ausgänge ihrer Wohnbauten. Andere Arten bauen aus Schleim, kleinen Muschelbruchstückchen und Sand Wohnröhren, die sich über das Niveau des Wattbodens erheben.
Quallen, die zu den Nesseltieren gehören, bevölkern vor allem im Sommer die Nordsee vor den Stränden der Inseln. Sie bestehen zu mehr als 98 % aus Wasser. Ihr Lebenszyklus teilt sich in verschiedene Phasen. Zunächst entstehen aus den befruchteten Eiern winzige sogenannte Planula-Larven, die sich festsetzen und kleine Polypen bilden. Nach einiger Zeit schnüren sich von den ausgewachsenen Polypen tellerartig kleine Quallen ab, die nach und nach zu ihrer vollen Größe heranwachsen, geschlechtsreif werden und wieder Ei- und Samenzellen produzieren.
Quallen bilden an ihren Tentakeln Nesselzellen aus, kleine Kapseln, die bei Kontakt mit einem Beutetier kleine harpunenförmige Giftpfeile ausschleudern. Das Nesselgift ist ein Nervengift, welches kleine Organismen lähmt, die die Qualle dann in ihr Inneres strudelt und verdaut. Berührt ein Mensch die nesselnden Tentakel einer Qualle, kann, je nach Art, ein unterschiedlich starkes Brennen auf der Haut erzeugt werden (Feuerquallen).

Krebse

Oft findet man beim Spaziergang am Strand die Gehäuse von Krebstieren. Die lebenden Tiere werden von Möwen aus Gezeitentümpeln, aus dem Watt und seichten Gewässern gefischt. Die Innereien werden verzehrt und die Panzer als Reste zurückgelassen. Aber nicht immer sind Krabben Opfer von hungrigen Vögeln: Ein Krebspanzer ist ein starres Gebilde, das dem Wachstum des in ihm le-

Zahllose Rastvögel nutzen die Salzwiesen zur Nahrungssuche und zur Erholung. In riesigen Schwärmen erheben sie sich bei steigendem Wasserstand in den Himmel.

benden Tieres nicht folgen kann. So sind alle Krebse, Hummer und Krabben gezwungen, sich gelegentlich zu häuten. Auch diese sogenannten Exuvien sind häufig am Strand zu finden.

Hummer sind auf die tiefen Felsregionen um die Insel Helgoland beschränkt, während zahlreiche andere Krabben und Krebse auch im Wattenmeer verbreitet sind. Kleine Nordseegarnelen sind oft in Gezeitentümpeln und leer laufenden Prielen zu beobachten. Sie stellen eine große wirtschaftliche Grundlage für den Küstenraum dar. Gekocht werden sie als Granat oder Nordseekrabben in jedem Küstenhafen verkauft oder finden ihren Weg in die Tiefkühltruhen der Kaufhäuser.

Andere Krebstiere erlangten in der Nordsee ebenfalls eine, wenn auch weniger große wirtschaftliche Bedeutung: Hummer und „Knieper", die Scheren vom Taschenkrebs, werden auf Helgoland als Delikatessen gehandelt.

Fische

Eine sehr große wirtschaftliche Bedeutung geht allerdings vom Fischreichtum der Nord- und Ostsee aus. Vor allem Plattfische wie Schollen und Seezungen werden in der Nordsee mit Schleppnetzkuttern gefischt und in großen Mengen angelandet. In der Ostsee sind Barsch, Zander, Seelachs und Aale die am häufigsten angelandeten Fischarten. Etwa 70 Fischarten leben in Nord- und Ostsee. Durch Überfischung wurden viele in ihrem Bestand jedoch so weit dezimiert, dass sich eine Befischung kaum mehr lohnt.

Die Nordsee wird als Kinderstube der Fische bezeichnet. Zahlreiche Fischarten laichen in der westlichen Nordsee, ihre Eier werden in das Wattenmeer gespült. Warme Temperaturen, flaches Wasser und die untermeerischen Seegraswiesen stellen einen optimalen Lebensraum für aufwachsende Fische dar (u. a. Heringe, Schollen, Seezungen und Hornhechte). Fische werden in diesem Buch nicht beschrieben, da sie selten angespült werden

Bei Hochwasser sind Watvögel gezwungen, an wasserfreien Stellen zu warten, bis die Nordsee die Watten wieder freigibt und sie ihre Nahrungssuche fortsetzen können. Solche Orte nennt man Hochwasserrastplätze.

und sich der Beobachtung durch ihre Lebensweise entziehen. Viele Nationalparkhäuser präsentieren einige Bewohner der Nordseetiefen, wie Schollen, Stichlinge oder Knurrhähne, in Aquarien.

Säugetiere

Säugetiere sind in den Gewässern unserer Küsten eher unterrepräsentiert. Da sie über Lungen atmen, sind sie gezwungen, gelegentlich aufzutauchen. Schon allein ihrer Größe wegen genießen die wenigen Vertreter einen hohen Bekanntheitsgrad. Im Wattenmeer leben zwei Arten von Robben und eine Walart. Der Seehund ist wohl jedem Gast bekannt. Oft sieht man Seehunde von Schiffen aus in größeren Gruppen auf Sandbänken in der Sonne liegen. Vor allem um Helgoland, aber auch im nordfriesischen Wattenmeer ist gelegentlich die größere Kegelrobbe zu beobachten, die vor allem an ihrer Kopfform leicht zu erkennen ist.

Schweinswale machen vor allem dann auf sich aufmerksam, wenn sie als lebende Tiere oder als Kadaver an die Strände der Inseln gespült werden. Die agilen Tiere leben sonst in den tieferen Bereichen der Nordsee und beäugen neugierig Fahrgastschiffe auf ihrem Weg nach Helgoland. Gelegentlich schwimmen sie bei Hochwasser auch in die tieferen Rinnen des Wattenmeeres.
In der deutschen Ostsee sind Meeressäuger nur sehr seltene Gäste aus weiter nördlich heimischen Populationen. Nur gelegentlich werden Kegelrobben und Schweinswale gesichtet. Seehunde wurden als Fischfresser bekämpft und in der ersten Hälfte des vergangenen Jahrhunderts in der Ostsee ausgerottet.

Vögel

Die auffälligsten unter den Tieren sind sicherlich die Vögel, die in Scharen das Watt und seine angrenzenden Salzwiesen und Dünen

bevölkern. Millionen von Vögeln fallen im Frühling und Spätsommer ein; sie alle profitieren von der Fülle des Watts. In einem Quadratmeter Wattboden leben beispielsweise im Schnitt mehr als 1100 Herzmuscheln.
Während der Zeit der Ebbe verteilen sich die Vögel auf den trockenfallenden Sänden und Watten. Steigt das Wasser wieder, sind sie gezwungen, die üppige Tafel zu räumen. Sie versammeln sich dann an Hochwasserrastplätzen, um sich zu erholen. Jeder Vogel hat sich auf „seine" Nahrung spezialisiert und dafür das entsprechende Werkzeug: seinen Schnabel. Mal lang, mal kurz, mal nach oben, mal abwärts gebogen, dient er zum Erbeuten und Aufnehmen unterschiedlicher Nahrung.
Zahlreiche Vögel suchen das Wattenmeer jedes Jahr zum Brüten auf. Sie bauen ihre Nester am Strand, in den Salzwiesen oder in den Dünen. Möwen und Seeschwalben brüten in großen Kolonien, Seeschwalben in der Salzwiese, Möwen in Dünen und Salzwiesen. Vogelkolonien können sehr groß werden, zudem sind brütende Vögel recht wehrhaft und verteidigen ihre Brut. Es empfiehlt sich daher nicht, eine Kolonie zu betreten.
Andere Vögel, allen voran die Watvögel oder Limikolen, brüten solitär, also nicht in Kolonien. Auch unter ihnen gibt es wehrhafte Arten, wie den Austernfischer, der sich sogar mitten in die Brutkolonien von Möwen wagt und dort seine Küken aufzieht. Strandbrüter wie der Sandregenpfeifer brüten an riskanten Stellen: Sie müssen sich ihren Lebensraum mit dem Erholung suchenden Menschen teilen. Die unscheinbaren und gut getarnten Gelege sind nur schwer zu sehen und werden unbewusst schnell zertreten. Salzwiesen- und Strandbrütern droht aber noch eine andere Gefahr: Im Juni kann es passieren, dass sogenannte Heufluten das Gelände unter Wasser setzen. Für Junge und Eier bestehen nur geringe Chancen zu überleben. Oft sind die Eltern allerdings in der Lage, ein neues Gelege zu produzieren.
Auf den Inseln konnten sich so viele Bodenbrüter etablieren, da es hier keine Bodenraubtiere gibt, die brütenden Vögeln, Eiern und Küken gefährlich werden könnten. Passiert es dennoch, dass sich Fuchs oder Igel auf die Inseln verirren, sind sie eine erhebliche Bedrohung für die Brutvögel.

Naturschutz

Viele der hier beschriebenen Arten sind selten und geschützt. Dies gilt vor allem für Orchideen und Enziangewächse. Aber auch Stranddistel, Strandflieder und Grasnelke sind vom Aussterben bedrohte Arten. Es versteht sich von selbst, dass keine Pflanzen oder Pflanzenteile gepflückt oder abgebrochen werden sollten. Viele Tierarten, insbesondere die Vogelarten, suchen das Wattenmeer auf, um sich von den Strapazen des langen Flugs zu erholen oder um ihren Nachwuchs aufzuziehen. Seehunde werfen ihre Jungen auf Sandbänken im Wattenmeer. Die Tiere benötigen dafür Ruhe und wollen ungestört sein. Von Vogelrast- und Brutplätzen sowie von Seehundsbänken ist daher ein Mindestabstand von 500 m unbedingt einzuhalten. Darüber hinaus gelten im Gebiet die Nationalpark- und Landesnaturschutzgesetze, die es untersagen, Pflanzen oder Pflanzenteile zu pflücken oder Tiere zu beunruhigen, zu stören oder zu schädigen. Wie oben erwähnt, sollte jeder Besucher das Wandern abseits der Wege zum Schutz der empfindlichen Pflanzendecke unbedingt vermeiden. Tragen Sie zum Bewahren und Erhalten dieser einmaligen Natur an unseren Küsten bei!

Strand und Weißdünen

Salzmiere

Honckenya peploides
Nelkengewächse

Merkmale: Die Salzmiere ist ein kleines Nelkengewächs. Zu erkennen ist sie an den niederliegenden Stängeln, die dicht mit leicht ovalen, dickfleischigen Blättern besetzt sind. Diese sind gegenständig angeordnet und verleihen der Pflanze von oben ein geometrisches Aussehen. Die Pflänzchen werden etwa 5 bis 20 cm hoch und blühen in den Sommermonaten Juni und Juli. Fünf getrennt stehende, weiße Blütenblätter werden von den grünen Kelchblättern überragt. Anschließend prägen die dreiklappigen, dicken Fruchtkapseln den Pflanzenteppich, die beim Trocknen schöne, weinrote Samen freigeben. Die Blätter sind im oberen Bereich saftig grün, verlieren die Farbe jedoch nach unten und sind dort gelblich gefärbt.

Vorkommen: Die Salzmiere überzieht Strand, Dünenfuß und untere Salzwiese an den sonnigsten Stellen mit einem grünen Teppich.

Wissenswertes: Die mehrjährige Pflanze trotzt der Übersandung und wächst aus dem angehäuften Sand wieder heraus. Der Duft, den sie verströmt, scheint reine Verschwendung, denn die Salzmiere wächst an einem denkbar ungünstigen Ort für eine Bestäubung durch Hummeln oder Bienen – ihr Lebensraum ist zu windig. Die Bestäubung erfolgt häufig über den Wind, was durch die teppichartige Wuchsform begünstigt wird. Wie andere an solch exponierten Stellen wachsenden Pflanzen ist auch die Salzmiere hervorragend an salzige Bedingungen angepasst und kann hier konkurrenzlos gedeihen. Ihr dichter Wuchs schützt den Sand am Dünenfuß vor der Verblasung.

Juni–Juli

5–20

Kali-Salzkraut

Salsola kali
Gänsefußgewächse

Merkmale: Das Kali-Salzkraut blüht ab Mitte Juli, die blattachselständigen, gelblichen Blüten sind allerdings sehr klein und unscheinbar. Reich verzweigte und starre Sprosse tragen die leicht fleischigen, dennoch recht dünnen, ungestielten Blätter. Diese sind an ihren Enden mit einem kleinen Dorn versehen. Zerstreute Behaarung und eine blaugrüne Färbung verleihen der Pflanze ein eher raues Aussehen. Zur Samenreife brechen welke, trockene Pflanzenteile dieser einjährigen Pflanze ab und werden vom Wind über den Strand getrieben. Die sich öffnenden Fruchtkapseln entlassen die salzwasserresistenten Samen, die dann verdriftet, verspült oder übersandet werden. Sie keimen erst im nächsten Jahr und nur bei günstigen Bedingungen.
Vorkommen: Das Kali-Salzkraut dominiert die Spülsaumgesellschaften, die sich auf den angespülten Treibsellinien der hohen Wintersturmfluten am Dünenfuß der Strände bilden. Es kommt aber auch in offenen sandigen Vordünenbereichen vor.
Wissenswertes: Das Kali-Salzkraut kann in der instabilen Spülsaumgesellschaft überdauern, da es zum einen salzverträglich und zum anderen in der Lage ist, den durch Verwesung in den Spülsäumen reichlich vorhandenen Stickstoff zu verwerten. Über die Herkunft des Namens des robusten Gänsefußgewächses und eine Nutzung ist nichts bekannt. Seine dornigen Blätter können empfindliche Verletzungen an den Füßen hervorrufen.

Juli–Sept | 15–60

Frühlings-Hungerblümchen

Erophila verna
Kreuzblütler

Merkmale: Ein kleiner Frühlingsbote, der früh im Jahr schon seine zierlichen weißen Blüten dem Himmel entgegenstreckt. Das allerdings gelingt dem Hungerblümchen nur mäßig, da es, entsprechend seines Namens, nur eine bescheidene Größe von 2 bis 15 cm erreicht. Der Beobachter muss sich schon niederknien, um die Blüten zu betrachten. Die feinen, aufrechten, sparrigen Stängel tragen winzige, leuchtend weiße Blüten. Vier schwer zu erkennende Blütenblätter weisen das Hungerblümchen als Kreuzblütler aus. Im Mai erscheinen die typischen Schötchen als Früchte. Die Stängel entspringen einer Blattrosette, sie selbst sind überwiegend blattlos, aber ebenso wie die Blätter fein behaart. Bevorzugt lebt das Hungerblümchen an mageren Orten, die ihm wenige Nährstoffe bieten. So kam es auch zu seinem Namen.

Vorkommen: Gegen jede Witterung durch einen feinen Haarpelz auf den Blättern geschützt, kann das Hungerblümchen auch am Strand und in den Vordünen gedeihen, die kaum Nährstoffe bieten, aber wo auch wenig Konkurrenz zu anderen Pflanzen besteht, die das kleine Hungerblümchen überwachsen könnten.

Wissenswertes: Der eher aufrechte Wuchs und die grazile Form lässt das Hungerblümchen leicht von hier ebenfalls anzutreffenden weiteren Kreuzblütlern, den Löffelkräutern, unterscheiden. Kleine Insekten, Salzfliegen und auch Käfer gehören zu den regelmäßigen Besuchern des kleinen Hungerblümchens, dessen nächste Verwandte die in den Alpen lebenden Felsenblümchen sind.

Dänisches Löffelkraut

Cochlearia danica
Kreuzblütler

Merkmale: Das Dänische Löffelkraut ist das häufigste der drei hier anzutreffenden Löffelkräuter. Es ist eine zweijährige kleine Pflanze mit verzweigten, meistens niederliegenden Sprossachsen. Kleine herzförmige oder efeuartige Blätter sitzen im unteren Bereich gestielt, im oberen ungestielt an den 2 bis 10 cm langen Stängeln. Diese tragen in Trauben angeordnete, kleine weiße Blüten mit 1 cm Durchmesser. Sie erscheinen im Mai und Juni und verwandeln sich zur Fruchtreife in die für Kreuzblütler typischen Schötchen.
Vorkommen: Das Vorkommen der Löffelkräuter erstreckt sich von salzbeeinflussten Schutthalden über dünennahe Strandbereiche bis hin zur Salzwiese, in denen das Dänische Löffelkraut für die höhere Salzwiese charakteristisch ist. In allen Bereichen kommt es zerstreut und lückig vor.

Wissenswertes: Zwei weitere Löffelkräuter sind noch in der Salzwiese zu finden. Der wissenschaftliche Name des **Echten Löffelkrautes** (*C. officinalis*) weist auf seine frühere medizinische Verwendung hin. Die an Vitamin C reiche Pflanze wurde als Salatpflanze kultiviert, das Vitamin C half unter anderem gegen Skorbut. Sie ist seltener anzutreffen als das Dänische Löffelkraut und an ihren eiförmigen Stängelblättern zu erkennen. Das **Englische Löffelkraut** (*C. anglica*), dessen Stängelblätter deutlich gestielt sind, ist noch seltener zu beobachten. Es unterscheidet sich hauptsächlich durch die Form seiner Blätter von den beiden anderen Arten. Alle Löffelkräuter stehen unter Schutz!

Mai–Juni

5–15

Europäischer Meersenf

Cakile maritima

Kreuzblütler

Merkmale: Der Name dieser etwa 10 bis 50 cm hohen, einjährigen Strandpflanze rührt von ihrem senfartigen Geschmack her, der durch die in der Pflanze enthaltenen ätherischen Öle hervorgerufen wird. Die recht spät im Juli erscheinenden, aber bis Oktober sichtbaren deutlich lila gefärbten Blüten bleichen zum Ende der Saison durch die Sonneneinstrahlung zu einem blassrosa Farbton. Die kreuzweise gegenüberstehenden Blütenblätter zeigen die Zugehörigkeit zu den Kreuzblütlern; entsprechend bildet der Meersenf auch am Ende der Blütezeit schotenartige Früchte aus. Die Stängel sind fleischig, größtenteils reich verzweigt und verleihen der Pflanze ein buschiges Aussehen.

Vorkommen: Die Fähigkeit, Übersandung auszuhalten und dem Wind wenig Angriffsfläche zu bieten ermöglicht dem Meersenf, am Strand, zumeist am Dünenfuß, als echte Pionierpflanze zu überleben.

Wissenswertes: Gegen die Austrocknung durch Sonne, Wind und Salz schützen die dicken Zellwände der fleischigen, leicht gefiederten Blätter. Gleichzeitig wird Wasser gespeichert, einerseits um Regenwasser zu sammeln, das schnell im Sand versickern würde, andererseits um die Konzentration des aufgenommenen Salzes länger auf einem erträglichen Niveau zu halten. Zur Senfgewinnung wurde der Meersenf wohl nie verwendet, jedoch wegen seines hohen Vitamin-C-Gehaltes als Salatpflanze geschätzt. Heute verwöhnt er uns lediglich mit seinem angenehmen Duft.

Juli–Okt

10–50

Strand-Platterbse

Lathyrus maritimus

Schmetterlingsblütler

Merkmale: Die Strand-Platterbse ist ein Schmetterlingsblütler. Kennzeichnend dafür ist der Blütenaufbau: der Kelch wird aus fünf Blütenblättern zusammengesetzt, die von oben nach unten als Flügel, Fahne und Schiffchen bezeichnet werden. An der Küste und auf den Inseln gibt es viele Schmetterlingsblütler. Die Strand-Platterbse mit ihrem reich verzweigten und kunstvoll um Dünengräser gewundenen Stängel und ihren hübschen, kräftig rosa bis bläulichen Blüten ist recht selten. Die zierlichen graugrünen Blätter tragen 2 bis 4 Paar laubiger Fiederblättchen, der Stängel bildet unterirdisch keine Knollen aus, verzweigt sich dort aber mitunter stark. Wie für alle Erbsen und Wicken typisch, besitzt auch die Strand-Platterbse einen eher kraftlosen, niederliegenden Stängel. Die letzten Fiedern der Blätter können zu Ranken umgebildet sein, mit denen sich die Pflanzen an benachbarten Grashalmen festhalten und so dem Sonnenlicht entgegenwachsen können.

Vorkommen: Strand-Platterbsen wachsen gern in den weißen Dünen und fallen dort mit ihren kräftig leuchtenden, bläulich rosa Blüten deutlich auf.

Wissenswertes: Die Blüten verbreiten ihren wohlriechenden Duft in den Sommermonaten Juni und Juli. Die schotenförmigen Früchte entstehen im Spätsommer, deren zahlreiche Samen werden durch das Meerwasser verbreitet. Hochgeworfen durch die Brandung landen sie in den Dünen, wo sie dann keimen. Wie fast alle Dünenpflanzen steht auch die Strand-Platterbse unter Schutz.

Juni–Juli

20–25

Sand-Nachtkerze

Oenothera oakesiana
Nachtkerzengewächse

Merkmale: Schon durch ihre Größe und ihren sparrigen Wuchs ist die Sand-Nachtkerze eine der auffälligsten Blumen der Weiß- und Graudünengesellschaft. Die schmalen graugrünen Blätter und die leicht anliegend behaarten Stängel sind mit zahlreichen roten Tupfen übersät. Der kerzenförmige Blütenstand wird von mehreren leuchtend gelben, großen Blüten gebildet, die nach und nach von unten nach oben aufblühen. Sie verbreiten ihren Duft ab Juni bis weit in den September hinein, jedoch überwiegend in der Abenddämmerung. Starker Wind drückt die Pflanzen oft zu Boden. Die schotenförmigen Früchte enthalten viele kleine grauschwarze Samen.

Vorkommen: Weiß- und Graudünen.

Wissenswertes: Nachtkerzengewächse wurden im 17. Jahrhundert aus Nordamerika eingeführt und konnten sich konkurrenzlos ausbreiten. In der ostfriesischen Mundart bürgerte sich der scherzhafte Name „Antje Möhm, wor laat is dat?“ ein, übersetzt etwa mit „Tante Antje, wie spät ist das?“. Das Aufblühen frischer Knospen geschieht in den Abendstunden, annähernd pünktlich und minutenschnell gegen 19 Uhr. Für Kinder war es dann Zeit, ins Bett zu gehen. Die ganze Farbenpracht der Nachtkerze erschließt sich dem Beobachter also erst abends, wenn die Pflanzen ihre leuchtenden Blüten entfalten, um diese bestäubenden Nachtfaltern anzubieten. Mittags sind sie schon verblüht.

Juni–Sept | 50–150

Scharfer Mauerpfeffer

Sedum acre

Dickblattgewächse

Merkmale: Der Mauerpfeffer ist eine sehr kleine Pflanze. Er fällt dort auf, wo dichte Polster seiner kleinen dicklichen Stängel mit leuchtend gelben Blüten den reinen Sand am Dünenfuß überziehen. Überwiegend erscheinen die zitronengelben Blütensterne ab Mitte Juni und prägen dann die recht kargen Weiß- oder Graudünenfluren. Die Pflanze selbst wird maximal 15 cm groß. Die zumeist aufrechten, gelbgrünen Stängelchen sind dicht mit kleinen fleischigen Blättern besetzt. Diese ermöglichen es der Pflanze, kleine Mengen Wasser zu speichern.

Vorkommen: An große Trockenheit angepasst, ist der Mauerpfeffer nicht nur in den Graudünen zu beobachten, sondern auch in anderen trockenen Biotopen.

Wissenswertes: Der Name rührt von einem scharf schmeckenden Alkaloid her, das die Pflanze in ihren Blättern produziert. Für uns Menschen ist sie wenig bekömmlich, jedoch wurden die Bitterstoffe früher oft als Brechmittel verwendet. Der Mauerpfeffer wird auch Fetthenne genannt. Wer den Mauerpfeffer länger beobachtet, merkt, dass die Pflanze den ganzen Sommer über immer wieder neue Blüten bildet. Er ist ein ausgesprochen ausdauerndes Dickblattgewächs. Diese Pflanzenfamilie ist in Deutschland nur mit wenigen Arten vertreten. Der Mauerpfeffer ist in vielen Varianten, vor allem auch als Zierpflanze, aus heimischen Steingärten bekannt.

Strand-Winde

Calystegia soldanella
Windengewächse

Merkmale: Die sehr seltene Strand-Winde ähnelt vom Aussehen her der bekannten Zaunwinde. Die Stängel dieser 10 bis 50 cm kleinen Pflanze sind meist niederliegend und steigen am Ende allmählich auf. Sie sind nur schwach windend. Die dunkelgrünen, ganzrandigen Blätter sind fleischig, sitzen gestielt an den Sprossachsen und sind wie kleine Herzchen geformt. Die zarten Blütenkelche der Strand-Winde erscheinen im Juni und Juli und blühen bis in den August hinein. Auffällig ist die hellrosa Färbung der trichterförmig angeordneten Blütenblätter, die jeweils einen deutlichen weißen Mittelstreifen aufweisen.

Vorkommen: Die Strand- oder Dünen-Winde wächst überwiegend in den offenen, locker bewachsenen Weißdünen auf sandigem Untergrund.

Wissenswertes: Die Stand-Winde versorgt die eintönige Graslandschaft in trockenen Sommern mit einer üppigen Blütenpracht. In feuchten Sommern kann es allerdings vorkommen, dass nicht eine einzige Knospe gebildet wird. Windenblüten halten nur einen Tag, dann sind sie verblüht. Dass die Pflanzen trotzdem dauerhaft blühend zu sehen sind, liegt daran, dass permanent neue Blüten gebildet werden. Strand-Winden sind so selten, dass die Vorkommen auf den Inseln meist geheim gehalten werden. Auf dem Festland gilt sie als ausgestorben. Seit etwa 30 Jahren steht sie unter strengem gesetzlichen Naturschutz und ist auf der „Roten Liste" ganz weit oben zu finden.

Sand-Segge

Carex arenaria
Sauergräser

Merkmale: Seggen sind vor allem an ihrem deutlich dreikantigen und knotenlosen Stängel zu erkennen, wodurch sie sich von den Süßgräsern unterscheiden. Die Sand-Segge ist in den Küstendünen die häufigste Segge. Im Volksmund wird dieses blaugrüne, filigrane, bis maximal 30 cm hohe Sauergras als „Nähmaschine Gottes“ bezeichnet. Die Art bildet lange unterirdische Ausläufer, die in regelmäßigen Abständen ihre grasartigen, abwärts gebogenen Blätter nach oben senden. Von oben betrachtet sieht das dann so aus, als hätte jemand den Sand mit Nähten überzogen. Die Blüten, die bei Gräsern Ährchen genannt werden, finden sich zu maximal 16 in einer etwa 5 cm langen Rispe am Ende der Triebe. An der Spitze der Ährchen sind die Blüten männlich, in der Mitte gemischtgeschlechtlich. Die unteren Blüten schließlich haben nur die weibliche Funktion. Sie alle blühen von Mai bis Juni, erkennbar daran, dass die Pollensäcke und die fein gefiederten Narben aus der Blüte hängen und im Wind pendeln.

Vorkommen: Weiß-, Grau- und Braundünen.

Wissenswertes: Die mehrjährige Sand-Segge hat großen Anteil an der Dünenbildung, da sie mit ihrem unterirdischen Wurzelnetz oberflächennah den Sand festhält und bei dichterem Wuchs ein Verwehen einschränkt. Sie verträgt Übersandung, ist aber gegen Trittschäden nicht resistent. Seggenrasen sollten daher nicht betreten werden.

Mai–Juni | 15–30

Strandweizen, Binsen-Quecke

Elymus farctus

Süßgräser

Merkmale: Diese und die folgende Art sind recht schwer zu trennen. Der Strandweizen, auch Binsen-Quecke genannt, zeichnet sich durch graugrüne Blätter und Halme aus. Ein kriechender Grundspross entsendet zahlreiche lange Ausläufer, die viele, bis 60 cm hohe Triebe bilden. Die 4 bis 8 mm breiten, samtig behaarten Blätter hängen grasartig über. Am Ende der Halme werden Ähren ausgebildet, deren Achse sehr brüchig ist. Die Ährchen sitzen weit voneinander entfernt und deutlich zweizeilig an der Achse. Die ganze Ähre kann eine Länge von bis zu 20 cm erreichen.

Vorkommen: Dieses Süßgras ist vorwiegend in den offenen Dünenbereichen zu finden.

Wissenswertes: Erste, bis 150 cm hohe Dünen, die noch am Strand zu finden sind, werden von den Halmen und Blättern des Strandweizens geformt. Dieser ist somit der Pionier der Dünenbildung und wird als Charakterart der Embryonaldünen bezeichnet. Ähnlich wie die weiteren Dünengräser ist er außerordentlich übersandungsfest. Es ist ihm also möglich, aus dem über ihm zusammengewehten Sand herauszuwachsen. Allerdings nur bis zu einer bestimmten Höhe. Wachsen die Dünen weiter, wird der Strandweizen durch andere Gräser abgelöst. Sein ausgedehntes Wurzelwerk ermöglicht die Sicherung des eingefangenen Sandes. In den Primärdünen noch häufig, kommt er in den weiteren Dünen nur noch in einer degenerierten Form (steril) vor. Seine Samen sind auf Salzwasser bei der Keimung angewiesen!

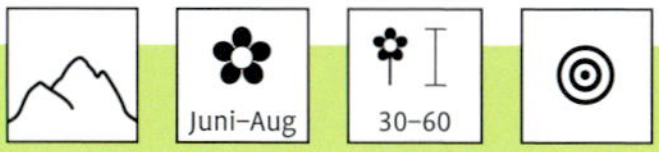

Dünen-Quecke

Elymus athericus
Süßgräser

Merkmale: Im Gegensatz zur Binsen-Quecke ist bei dieser Art die Ähre sehr viel dichter zusammengezogen, sie ist außerdem kürzer, maximal 10 cm lang. Die Ähre wirkt, als wäre sie plattgedrückt worden. Sie ist stabiler und heller als beim Strandweizen und die Ährchen stehen sich zweizeilig gegenüber. Die Ähren erscheinen im Juli. Die Blätter der Dünen-Quecke sind eher weiß-grünlich und dadurch, dass die Blattadern stark hervortreten, deutlich rauer.

Vorkommen: Die Dünen-Quecke kommt viel seltener und zerstreut zwischen den Gräsern der Embryonal- und Weißdünen vor. Sie wächst in lockeren Rasen. Häufig dominiert sie inzwischen unbeweidete Salzwiesenbereiche.

Wissenswertes: Wie bei fast allen Dünengräsern können die Blätter eingerollt werden, um der übermäßigen Verdunstung durch den Wind entgegenzuwirken. Die Spaltöffnungen, die für den Gasaustausch verantwortlich sind, liegen bei diesen Gräsern nur auf der Blattoberseite. Durch das Einrollen während des Tages wird die Verdunstung größtenteils verhindert. Salzresistent und übersandungsstabil zieht sich auch dieses Gras beim Anwachsen der Dünen in die niederen Mulden zurück. In den weiteren Dünen (Grau- und Braundünen) kommt es seltener vor. Allerdings ist die Dünen-Quecke ebenso wesentlich wie der Strandweizen an der Bildung der Embryonaldünen beteiligt, da sie die transportierten Sande der hohen Fluten zum Stehen und Absinken bringt.

Juli | 30–60

Strandroggen, Blauer Helm

Leymus arenarius

Süßgräser

Merkmale: Die Blätter des Strandroggens sind sehr breit (bis 10 mm), blau bereift und derb. Die Blattränder sind sehr scharfkantig und die Blattspitzen stechend spitz, wodurch sie sich deutlich von den Blättern der anderen Dünengräser unterscheiden. Bei Trockenheit und Wind können sie allerdings auch eingerollt sein. Die Ähre ist groß und sehr grob, sie kann bis 2 cm breit und bis 30 cm lang sein. Die Ährchen sind meist dreiblütig und stehen spiralig an einem stabilen Halm.

Vorkommen: Dieses blaugrüne und sehr große Dünengras ist weit in den Weiß- und Graudünen verbreitet. Es wechselt sich häufig mit dem Strandhafer ab.

Wissenswertes: Der Wurzelstock der Pflanze ist sehr umfangreich, es werden lange Ausläufer entsandt, die die Pflanze zu einem optimalen Dünenbildner machen. Oberirdisch fangen und stauen die breiten Blätter den Flugsand und halten ihn am Boden, unterirdisch sorgt ein weites Wurzelgeflecht für eine Stabilisierung der Dünen und für eine Wasserversorgung, die es dem Gras ermöglicht, in Dünen mit Höhen von bis zu 23 m zu gedeihen. Die Unterseite der Blätter reflektiert als Schutz gegen Überhitzung das vom Sand abgestrahlte Sonnenlicht und die damit verbundene Wärme. Strandroggen findet man überwiegend im Übergangsbereich zwischen Weiß- und Graudünen, aber auch häufig in den vorderen Weißdünen, wo er sich aber nur mäßig gegen den dominanten Strandhafer durchsetzen kann. Im Volksmund wird er auch Blauer Helm genannt.

Mai–Juli | 70–120

Strandhafer, Helm

Ammophila arenaria

Süßgräser

Merkmale: Etwas später als der Strandroggen beginnt der Strandhafer zu blühen. Seine dicken, weißlichen bis korngelben Ähren unterscheiden sich deutlich von denen des Strandroggens. Die Blüten sind bedeutend kleiner, die Ähre wirkt nicht so grob. Auch die Blätter sind viel schmaler (bis 3 mm) und sattgrün statt blaugrau. Sie sind spitzer, glatt, unbehaart und meistens eingerollt. Der Strandhafer wirkt bei vergleichbarer Größe (60 bis 100 cm) zierlicher als der Strandroggen. Die weiteren Fähigkeiten unterscheiden sich bei beiden Arten nicht sonderlich.

Vorkommen: Der Strandhafer ist die Pflanzenart, die dem Betrachter auf einer Weißdüne sofort ins Auge fällt, denn die weite Verbreitung ist unübersehbar.

Wissenswertes: Auch der Strandhafer trägt wesentlich zur Dünenbildung und -befestigung bei. Er ist hierfür noch etwas besser als der Strandroggen geeignet, da er ausdauernder ist und ein noch weiter verzweigtes Wurzelwerk unterhält. Deshalb findet er bei sogenannten Helmpflanzungen auch häufiger Verwendung. Er benötigt sogar die Übersandung, um wachsen zu können. Eine besondere Eigenschaft aller Dünengräser und vieler Dünenpflanzen ist, dass sie nicht trittfest sind. Das bedeutet, je mehr Trampelpfade abseits der offiziellen Wege in die Dünen getreten werden, desto weiter gehen diese Gräser dort zurück. Der Sand liegt bloß und wird vom Wind fortgetragen. Da die Dünen der natürliche und wirkungsvollste Hochwasserschutz der Inseln sind, ist das Betreten nur begrenzt erlaubt.

Juni–Juli | 60–100

Baltischer Strandhafer

× *Calammophila baltica*
Süßgräser

Merkmale: Neben dem „echten“ Strandhafer kommt in den Dünen auch der Baltische Strandhafer vor. Seine gelappte, längliche Ähre gleicht der des Gewöhnlichen Strandhafers, ist aber spitzer und spaltet sich beim Umbiegen. Die Ährchen sind etwas dunkler braun gefärbt; die gesamte, eher lockere Ähre ist zudem oft violett überlaufen. Die Blätter des Baltischen Strandhafers sind breiter und dunkelgrün, sie sind auch weniger häufig eingerollt. Ein besonders gutes Unterscheidungsmerkmal ist die Ligula, ein kleines Blatthäutchen, das am oberen Ende dem stängelumfassenden Blattteil aufsitzt. Diese ist beim Baltischen Strandhafer bis zu 15 mm lang, beim Gewöhnlichen Strandhafer dagegen bis 25 mm. Die Pflanzen sind generell etwas größer, die Ähren können bis 25 cm lang werden.

Vorkommen: Der Baltische Strandhafer ist ein recht häufiger Bastard, der überwiegend in den Weißdünen vorkommt.

Wissenswertes: Der Baltische Strandhafer oder Baltische Helm ist eine natürliche Kreuzung aus dem Strandhafer (*Ammophila arenaria*) und dem Land-Reitgras (*Calamagrostis epigeios*). Er ist ein fruchtbarer Bastard, der sich zwar häufig durch Ausläufer vegetativ vermehrt, aber dessen Samenbildung auch eine sexuelle Fortpflanzung ermöglicht. Sein Vorkommen ist allerdings meist auf die Nähe der Elternarten beschränkt. Aufgrund seiner dem Strandhafer ähnlichen Eigenschaften ist er ein gutes und wichtiges Gras zur Dünenbefestigung. Der ostfriesische Name „Helm“ leitet sich von dem Wort Halm ab, denn der ist bei diesen Gräsern besonders groß und kräftig ausgebildet.

Juni–Juli
60–130

Graudünen

Zitter-Pappel

Populus tremula
Weidengewächse

Merkmale: Die Blätter der Zitter-Pappel sind kreisrund und am Rand fein gebuchtet. Sie sind im Sommer glänzend dunkelgrün gefärbt und leuchten im Herbst karminrot. Die Blüten sind in hängenden Kätzchen angeordnet und bilden im Frühsommer kleine Kapseln, in denen Samen mit weißen Haarbüscheln enthalten sind. Diese werden dann vom Wind verbreitet. Die Borke ist bei den sehr schnell wachsenden Pappeln in der Jugend gelblich grau und glatt. Sie wird dann erst mit zunehmendem Alter dunkel und rissig.

Vorkommen: Die Zitter-Pappel ist ein Pioniergehölz und kommt in den Dünen überwiegend im Bereich der windabgewandten Dünentäler der Grau- und Braundünen vor. Dort kann sie bestandsbildend sein. Es entstehen kleine Wäldchen, die die Dünenkuppen nur geringfügig überragen, da der Wind die Stämme zu sehr belastet.

Wissenswertes: „Zittern wie Espenlaub" ist eins der bekannten Sprichwörter, das sich auf die Zitter-Pappel oder Espe bezieht. Denn die Blätter dieser Pappel bewegen sich beim leisesten Windhauch. Ursache dafür ist der Aufbau der Blattstiele. Diese verjüngen sich zum Ast hin und nicht, wie bei anderen Bäumen, vom Zweig zum Blatt hin. Dadurch wird der Schwerpunkt zum Blatt hin verlagert. Welche biologische Funktion dies hat, ist noch weitgehend ungeklärt. Vielleicht soll die Verdunstung erhöht werden oder aber der Wassertransport innerhalb des Baumes angeregt werden. Aus dem Holz der Zitter-Pappel werden meist Zündhölzer hergestellt.

Feb–Apr

10–25

Kratzbeere

Rubus caesius
Rosengewächse

Merkmale: Mit ihren blau bereiften „Beeren" (botanisch gesehen sind es sogenannte Sammelsteinfrüchte) fällt die Kratzbeere im Spätsommer ins Auge. Die weiß blühenden, niederliegenden Triebe stellen mit ihren Stacheln richtiggehende Stolperfallen dar und geben ihrem Namen alle Ehre. Aber sogleich entschädigt der süßliche Geschmack der Früchte für die Strapazen. Die groben, dreizähligen Blätter unterscheiden die Art gut von anderen beerentragenden Rosengewächsen. Sie sind ebenso wie die Stängel dicht behaart. Die weißen Blüten erscheinen ab Mitte Mai und weisen die Kratzbeere, die auch Acker-Brombeere genannt wird, als Rosengewächs aus.
Vorkommen: Eher auf mageren Böden wachsend breitet die Kratzbeere ihre sparrigen Triebe in den Dünen aus. Man sieht sie oft verstreut in den Graudünen und an Wegrändern kriechen. Auf weißem Sand bilden sie ein grobes Muster, was ihr ein eher struppiges Aussehen verschafft.
Wissenswertes: In ihrer Gesamtheit wirkt die Kratzbeere etwas zierlicher als die **Echte Brombeere** (*R. fruticosus*) und ist vor allem an ihren blau bereiften Früchten gut von dieser zu unterscheiden. Als mehrjähriges Holzgewächs kann sie mit ihren niederliegenden Trieben gut in windigeren Bereichen der Dünen gedeihen und stellt so kaum Konkurrenz für andere, ursprünglichere Dünenrosen (*Rosa spinosissima*) dar. Ihre Anspruchslosigkeit ermöglicht es ihr, sich immer weiter in unbekanntes Terrain auszubreiten. Die Früchte sind genießbar.

Mai–Juni

50–100

Sanddorn

Hippophaë rhamnoides
Ölweidengewächse

Merkmale: Stark verzweigt und ziemlich stark bedornt wachsen die bis 5 m hohen, widerstandsfähigen Büsche oder Bäumchen des Sanddorns als undurchdringliches Dickicht. Die kleinen, linealischen Blätter sind oberseits graugrün und wirken stumpf; unterseits sind sie silbrig weiß und tragen auffällige Sternhaare (Lupe!). Die kleinen gelben Blüten erscheinen in dichtgedrängten Ährchen und nur für kurze Zeit im April. Die Früchte leuchten orangerot und sind ab Ende August zu sehen.

Vorkommen: Als charakteristisches Gewächs ist der Sanddorn fast überall in den verbuschenden Graudünen zu finden.

Wissenswertes: Der Sanddorn ist eine zweihäusige Pflanze, das heißt, es gibt männliche und weibliche Indivuduen. Dies ist vor allem daran erkennbar, dass im Herbst nicht alle Büsche die steinfruchtartigen Scheinbeeren ausbilden (ihre Samen werden botanisch als Nüsschen klassifiziert). Die Früchte entstehen nur an den weiblichen Büschen. Die Beeren enthalten viel Vitamin C (15-mal so viel wie die Zitrone), was sie sehr bekannt und begehrt gemacht hat. Auch heute findet der Sanddorn noch vielfach Verwendung bei der Bereitung von Medizin, Marmelade, Saft etc. Jedoch ist das Pflücken mühsam und meist mit Naturschutzverordnungen nicht vereinbar, denn der Sanddorn steht unter Schutz. Sanddornbüsche lieben kalkhaltigen Boden. In Verbindung mit Wurzelpilzen, die ihm den Luftstickstoff binden, gilt er als Bodenbereiter für alle weiteren Pflanzen der folgenden Grau- und Braundünen. Vermutlich wurde er um 1900 durch Zugvögel aus weiter nördlich gelegenen Gebieten eingeschleppt.

April

50–500

Schmalblättriges Weidenröschen

Epilobium angustifolium
Nachtkerzengewächse

Merkmale: Das Schmalblättrige Weidenröschen erreicht eine Höhe zwischen 60 und 100 cm. Seine Blätter sind 1 bis 2,5 cm breit und unterseits blaugrün gefärbt. Deutlich sind die dicken Seitennerven erkennbar. Die purpurroten Blüten sitzen in verlängerten Trauben auf dem kerzengraden Stängel. Ihre Samen sind durch die langen, weißhaarigen Anhänge unübersehbar. Schon im Spätsommer platzen die Schoten auf und entlassen die langhaarigen Samen, die dann vom Wind fortgetragen werden.

Vorkommen: Weidenröschen gedeihen auf Heiden, Dünen, Kahlschlägen und Schuttplätzen überwiegend dort, wo genügend Stickstoff zur Verfügung steht. Sie sind recht anspruchslos, brauchen aber viel Licht.

Wissenswertes: Die Weidenröschen lassen zur Blütezeit weite Teile der Dünen wie von einem rosa-violetten Teppich überzogen erscheinen. Ihr gleichmäßiges Wogen im Wind trug ihnen auch den Namen „Dünenfeuer" ein. Der Gattungsname *Epilobium* bezeichnet die Tatsache, dass sich die oberen Blüten noch nicht geöffnet haben, während die unteren schon Samen produzieren und entlassen (griech. *epi* = über, *lobos* = Schote). Durch die häufige Besiedlung von Schuttplätzen bekamen Weidenröschen am Festland nach dem Krieg den Namen „Trümmerblume". Ihr angenehmer Geruch durchweht die Dünen erst zur Abendzeit, da sie, wie alle Nachtkerzengewächse, ihre Blüten zu dieser Zeit für dämmerungsaktive Insekten öffnen.

Juni–Aug | 60–100

Reiherschnabel

Erodium cicutarium
Storchschnabelgewächse

Merkmale: Meist auf der Leeseite, also der windabgewandten Seite einer Düne zeigt der Reiherschnabel seine kleinen, rosafarbenen Blüten. Filigrane fiederspaltige Blätter sind sein Kennzeichen und lassen ihn gut von den zahlreichen Storchschnabelgewächsen (Geraniaceae, griech. *geranos* = Kranich) unterscheiden. Der Reiherschnabel ist sehr formenreich, in den Dünen kommen mehrere Kleinarten vor. Die niederliegenden Pflänzchen werden in windigen Bereichen an den Boden gedrückt und sind selten höher als 10 cm. Die Blüten stehen zu mehreren in kleinen Dolden, mit fünf purpurnen, bis 10 mm langen Blütenblättern und nur fünf Staubblättern. Die Stängelblätter sind deutlich mehrfach stark gefiedert und teilweise fein behaart.

Vorkommen: Zu finden sind die geduckten Reiherschnabel-Pflanzen an offenen Dünenbereichen und sandigen Wegrändern mit guten Lichtverhältnissen und viel Sonne.

Wissenswertes: Als Früchte werden langgezogene, aus den Griffeln der fünf einsamigen Fruchtblätter gebildete Fruchtsäulen ausgebildet, die an Reiher- oder Kranichschnäbel erinnern. Zwei unterschiedlich aufgebaute Gewebe erzeugen bei hoher Luftfeuchte ein spontanes, rasches Aufrollen der einzelnen Griffel und entlassen so den Samen, der im besten Fall weit in die Gegend versprengt wird. So sorgen die Pflänzchen dafür, dass den Samen genug Feuchtigkeit für die Keimung zur Verfügung steht. Die Schnäbelchen können bis zu 6 cm lang werden.

Apr–Okt

10–50

Stranddistel

Eryngium maritimum
Doldengewächse

Merkmale: Stahlblau hebt sich diese zweijährige bis ausdauernde, ca. 20 bis 70 cm hohe Pflanze aus der Familie der Doldenblütler inmitten von Strandhafergesellschaften der Weiß- und Graudünenbereiche ab. Vornehmlich ist sie in den äußeren, offen bewachsenen Dünenbereichen zu finden. Wenig verzweigte, starre Sprossachsen tragen derbledrige Blätter, die gebuchtet und deren Spitzen bedornt sind. Die blauvioletten Blütenköpfchen erscheinen zwischen Juni und Oktober und halten für viele farbenfrohe Schmetterlinge ein üppiges Nektarangebot bereit.

Vorkommen: Als perfekter Überlebenskünstler, geschützt gegen Austrocknung durch Wind und Sonne, trotzt sie dem Flugsand in den offenen Dünen. Sie ist dort zu finden, wo besonders viel Licht und Wärme zur Verfügung stehen. Mit ihrem Dasein verleiht sie der artenarmen Weißdünenlandschaft ein paar Farbtupfer. Auf Spiekeroog und Wangerooge ist sie im Gegensatz zu anderen Inseln noch sehr zahlreich zu beobachten. Es gibt dort keine Kaninchen, die sich von den jungen Trieben der Stranddisteln ernähren.

Wissenswertes: Die Namengebung der Art, beeinflusst von der Form ihrer Blätter, ist irreführend. Die Pflanze ist im botanischen Sinn keine Distel, die zu den Korbblütlern gehören, sondern ein Doldengewächs. Sie ist extrem vom Aussterben bedroht, vor allem durch das Sammeln der Andenkenjäger. Das Abbrechen auch kleiner Teile bedeutet den sicheren Tod für die ganze Pflanze. Sie steht unter strengem Schutz!

Juni–Okt

20–70

Leinkraut

Linaria vulgaris

Rachenblütler

Merkmale: Das Leinkraut fällt durch seine traubigen Blütenstände, die von zahlreichen leuchtend gelb und orange gefärbten Rachenblüten gebildet werden, auf. Die graugrünen, mit lanzettlichen, sehr schmalen, bereiften Blättern besetzten Stängel tragen in lockeren Trauben die zahlreichen, 16 bis 18 mm großen Blüten. Diese zeigen den Rachenblütlern entsprechend einen zweisymmetrischen Aufbau. Das Zusammendrücken des hinteren Blütenbereichs eröffnet einen Einblick in den Rachen.

Vorkommen: Im Juli und August ist das Leinkraut in offenen Dünenbereichen häufig. Leinkräuter sind sehr anspruchslos, in gewissem Rahmen sogar salzverträglich. Daher findet man sie auch ab und zu am Fuß der Weißdünen. Einzig die Lichtverhältnisse müssen stimmen: Sie brauchen reichlich Sonne.

Wissenswertes: Eine einzige Leinkraut-Pflanze kann bis zu 30 000 Samen produzieren, die jedoch erst im übernächsten Jahr blühende Pflanzen ausbilden. Zuvor wird ein umfangreiches Wurzelwerk angelegt. In den Dünen kommt neben dem Gewöhnlichen Leinkraut gelegentlich auch das **Dünen-Leinkraut** (*L. odora*) vor. Dieses hat im Gegensatz zu erstem einfarbig schwefelgelbe Blüten. Wörtlich übersetzt bedeutet der wissenschaftliche Name dieser Pflanze „Wohlriechendes Leinkraut". Den Grund kann zur ihrer Blütezeit jeder deutlich erfahren. Das Dünen-Leinkraut blüht jedoch nur im Juli und im August. Die färbende Eigenschaft der Blüten gab den Leinkräutern ihren Namen. Man färbte damit Leinen ein.

Juni–Sept

15–40

Schwarzer Holunder

Sambucus nigra
Geißblattgewächse

Merkmale: Schwarzer Holunder ist ein weitverbreiteter, zum Teil recht groß werdender Busch. Im Juni und Juli erscheinen die deutlich erkennbaren weißen Blüten-Trugdolden. Im September haben sie sich zu herabhängenden, schwarze Beeren tragenden Schirmchen entwickelt. Dunkelgrüne, unpaarig gefiederte Blätter mit meist zwei Paar Fiedern sind in der blüten- und beerenlosen Zeit das Kennzeichen dieses bis zu 7 m hohen Geißblattgewächses.

Vorkommen: Der Holunder kommt im ganzen Land vor und ist nicht auf die Küste beschränkt. An der Küste kommt er häufig in den verbuschenden Graudünen vor, aber ebenso oft ist er auch in den Braundünen anzutreffen. Meist ist er auf den wärmeren, sonnenbeschienenen Südseiten der Dünen zu finden.

Wissenswertes: Etwa 90 Prozent der Beeren landen in den Mägen von ziehenden Singvögeln. Das ist nicht überraschend, denn die Beeren enthalten ein Hormon, das den Vögeln bei der Fettanreicherung behilflich ist. Dieses ist in den Holunderbeeren in der höchsten Konzentration zu finden. Die Vögel sorgen für die Verbreitung des Holunders, da die Samen auf dem Weg durch den Vogeldarm keinen Schaden nehmen. Aber auch die Menschen schätzen die Holunderbeeren, sei es als Saft, Mus oder Wein. Bekannt ist auch der schweißtreibende Holundertee. In vielen Sagen und Geschichten spielt der Holunderbusch eine Rolle. Die Bezeichnung *sambucus* (= rot) leitet sich von der färbenden Eigenschaft der Beeren ab.

Juni–Juli

bis 7 m

Acker-Gänsedistel

Sonchus arvensis
Korbblütler

Merkmale: Die Acker-Gänsedistel ist auffällig: Mit ihren anderthalb Metern Höhe überragt sie so manches Dünengras. Ihre Zugehörigkeit zu den Disteln kann man den Blättern und Stängeln deutlich ansehen, sie sind über und über mit Stacheln bewehrt. Die meist grundständigen Blätter haben gesägte Ränder, ihre Oberfläche glänzt dunkelgrün. Der Stängel verzweigt sich nur gelegentlich, und dann erst auf halber Höhe. Er ist in der unteren Hälfte kahl, in der oberen drüsig behaart und enthält Milchsaft. Die dunkelgelben „Blüten" sind wie bei allen Korbblütlern aus blütenblattähnlichen Einzelblüten zusammengesetzt. Diese Körbchen beinhalten nur sogenannte Zungenblüten und können einen Durchmesser von 5 cm erreichen. Zur Samenreife bilden die Samen einen Pappus aus, eine Haarkrone, die den Samen an einem Ende umgibt. Dieser lässt dann die bekannten weißhaarigen Büschel auf den Blüten entstehen, bis schließlich der Wind die Samen fortträgt.

Vorkommen: Sandige, offene, helle Bereiche in den Graudünen, die ständig von Wind durchblasen werden, sind die bevorzugten Siedlungsgebiete der Gänsedistel.

Wissenswertes: Als Ackerunkraut ist die Acker-Gänsedistel bei Landwirten wegen ihrer tief reichenden Wurzeln recht unbeliebt. Auch das Vieh verschmäht die Disteln. An der Küste dagegen erfreuen die gelben Blüten in einer grünen Düneneintönigkeit.

Juli–Okt
50–150

Braundünen

Tüpfelfarn

Polypodium vulgare
Tüpfelfarngewächse

Merkmale: Der auch unter dem Namen Engelsüß bekannte Vertreter der Farne ist die einzige Farnpflanze, die hier vorgestellt werden soll, denn mit Ausnahme des seltenen **Königsfarns** (*Osmunda regalis*) und der **Natternzunge** (*Ophioglossum vulgatum*) sind die Farnpflanzen an der Küste eher unterrepräsentiert. Die einfach gefiederten, grünen Wedel des Tüpfelfarns können bis zu 60 cm lang werden. Zwischen Juli und Oktober zeigen sie auf der Unterseite braune, reife Sporangienstände (Sori), deren Sporangien (Sporenkapseln) die gelblichen Sporen im September als feinen Puder entlassen. Die Blätter sitzen in zwei Reihen einer ausdauernden und unterirdisch kriechenden Sprossachse (Rhizom) auf. Wenn sie durch Trockenheit nicht welken, sind sie auch zur Winterzeit grün.

Vorkommen: Der Tüpfelfarn ist ein typisches und häufiges Mitglied der Braundünengesellschaft. Er wächst an schattigeren Stellen der nördlichen Dünenhänge, zumeist innerhalb von Krähenbeerheiden (siehe Seite 68).

Wissenswertes: Frische Blätter sind anfangs an der Spitze eingerollt. So werden die empfindlichen Wachstumszonen geschützt. Entfaltet leiten die Wedel das gesamte auf das Blatt auftreffende Regenwasser zur Wurzel. Der Name Engelsüß folgt dem süßlichen Geschmack des Wurzelstocks des Tüpfelfarns. Einer norwegischen Sage zufolge soll die erste Pflanze in einer Felsspalte gewachsen sein, in die ein Milchtropfen der Mutter Gottes gefallen ist. Auszüge aus der Pflanze sind medizinisch wirksam, u. a. gegen Wurmkrankheiten.

Juli–Okt

10–60

Schwarz-Kiefer

Pinus nigra
Kieferngewächse

Merkmale: Die Schwarz-Kiefer ist eine sehr formenreiche Art. Ihr harzreiches Holz wird von einer dunklen, fast schwarzen, rissigen Rinde bedeckt. Die Schwarz-Kiefer hat auffallend dunkelgrüne Nadeln, die zugespitzt paarweise in einer gemeinsamen Scheide stehen. Die gelben männlichen Blütenstände (Zapfen) erscheinen über den rotgefärbten weiblichen Blütenständen. Aus diesen entstehen dunkelbraune Zapfen, die waagerecht von den Zweigen abstehen. Sie bilden erst im zweiten Jahr reife Früchte aus. Die Keimung des Samens kann sich über mehrere Jahre hinziehen.

Vorkommen: Ursprünglich war die Schwarz-Kiefer, die wohl nach ihrer schwarzgrauen Rinde benannt ist, im Mittelmeerraum verbreitet. In Nordeuropa wird sie gern als Zierbaum angepflanzt. Diese eingebürgerten Bäume sind vermutlich der Ursprung der Pflanzen, die nun überwiegend in den sandigen, kalkhaltigen Braundünen an windgeschützten Stellen anzutreffen sind.

Wissenswertes: Die Schwarz-Kiefer wächst schnell, ist frosthart und sturmfest. Mit ihren flachen, weit verzweigten Wurzeln kann sie Wanderdünen festlegen. Sie verträgt salzigen Seewind und ist so bestens geeignet, in den Küstendünen zu wachsen. Schwarz-Kiefern können bis zu 500 Jahre alt werden. Sie vertragen allerdings, wie fast alle Nadel- und Laubhölzer, keine Überflutung durch Seewasser. Dies zeigen die Reste ehemals ausgedehnter Kiefernwäldchen auf den Inseln deutlich. Nur wenige Bäume überlebten die hohe Sturmflut im Februar 1962.

Mai–Juni

200–350

Moor-Gagelstrauch

Myrica gale
Gagelstrauchgewächse

Merkmale: Die länglichen, blaugrünen Blätter des Gagelstrauchs sind in der oberen Hälfte gesägt und besitzen Öldrüsen. Auf der rotbraunen Rinde sind kleine Harzkügelchen zu erkennen. Die männlichen Blüten sind 1 cm lange braune Kätzchen, die häufig blattlosen Zweigenden aufsitzen, während die kleinen, 5 mm kurzen weiblichen Blütenstände an Zweigenden zwischen Laubblättern angeordnet sind. Seine Größe wird durch die Höhe der Dünen begrenzt, aber auch sonst ist er ein eher kleinerer Moorbewohner von maximal 1,50 m Höhe.

Vorkommen: Heute ist der Gagelstrauch eine sehr seltene Art und im Küstenraum fast nur noch auf Spiekeroog zu finden. Gern wächst er am Rand von Kiefernwäldchen auf moorigen, feuchten Heidebereichen und in feuchteren Dünentälern. Geduckt steht der windanfällige Gagel zwischen Kriechweidengebüschen im Schutz kleinerer Braundünen.

Wissenswertes: Der Gagelstrauch wurde früher vielseitig verwendet. In den Blättern enthaltene Substanzen sorgten dafür, dass das Bier, für dessen Herstellung der Gagel als Hopfenersatz häufig Verwendung fand, erst richtig berauschend wurde. Leute die „dat Grut" ernteten, waren in Norddeutschland als „de Grüter" bekannt. Oft ist diese Bezeichnung noch in einigen Hausnamen zu erkennen. Die Blütenknospen dienten zur Gelbfärbung von Stoffen, die rotbraune Rinde zum Gerben von Leder. Die im Frühherbst reifenden Früchte besitzen in ihrer Außenwand ein luftgefülltes Gewebe, das sie schwimmfähig macht.

Apr–Mai | 50–150

Moor-Birke

Betula pubescens
Birkengewächse

Merkmale: Die in den Dünen häufige Moor-Birke ist leicht mit der bekannteren **Hänge-Birke** (*B. pendula*) zu verwechseln. Ihre Zweige stehen im Gegensatz zur Hänge-Birke jedoch starr nach oben. Die Krone bekommt dadurch eine andere Form und ist schon von weitem erkennbar. Die Blätter sind an der Basis abgerundet bis herzförmig, die Spitze ist kurz und nicht lang ausgezogen wie bei der Hänge-Birke. Die breiteste Stelle liegt unterhalb der Mitte des Blattes. Auf der Unterseite sind die Nervenwinkel vor allem bei jungen Blättern sowie auch junge Zweige fein weiß behaart. Die Rinde ist eher schmutzig bis grauweiß, nur bei alten Bäumen kann sie so weiß sein wie die der Hänge-Birke. Die Blüten sind in Kätzchen angeordnet, männliche und weibliche fein säuberlich getrennt. Männliche Blütenstände können bis zu 8 cm lang werden; die erst aufrechten, später hängenden weiblichen Kätzchen erreichen eine Länge von etwa 3 cm.

Vorkommen: Moor-Birken sind an extremere Bedingungen angepasst und an der Küste in moorigen Dünentälern anzutreffen.

Wissenswertes: Dem Namen entsprechend besiedelt die Moor-Birke schnell Hochmoore und moorige Bereiche und lässt diese rasch zuwachsen. Sie liebt saure und feuchte Böden, wie sie in den verbuschenden Grau- und Braundünen vorkommen. In den Dünen erreichen die Moor-Birken allenfalls Höhen von etwa 10 bis 15 m, da sie bevorzugt im Windschatten der Dünen wachsen, die so die Wuchshöhen für die Bäume vorgeben.

Apr–Mai
10–25 m

Schwarz-Erle

Alnus glutinosa
Birkengewächse

Merkmale: Die dunkelgrünen, verkehrt-eiförmigen Blätter der Schwarz-Erle wirken auf der Oberseite durch Drüsenhaare klebrig, auf der Unterseite sind in den Achseln der Nerven kleine gelbe Haarbüschel auszumachen. Die Blüten sind wie bei den meisten Bäumen in männlichen und weiblichen Blütenständen getrennt zu finden. Die weiblichen Blüten sind in lang gestielten, kugeligen Zapfen untergebracht, die männlichen findet man in etwa 6 cm langen, hängenden Kätzchen.

Vorkommen: An Rändern von Teichen und Seen, aber auch in den feuchteren Bereichen der Dünentäler findet man die Schwarz-Erle häufig. Schwarz-Erlen sind robuste Bäume, die verlandende sumpfige Bereiche bewachsen, vor allem an windgeschützten Stellen im Bereich der älteren Braundünen. Oft werden sie in Parks und Gärten angepflanzt.

Wissenswertes: Schwarz-Erlen blühen sehr früh im Jahr, noch bevor die Blätter an den Bäumen entwickelt sind. Der Wind verweht dann die Pollen, die von den Staubblättern entlassen werden. Dichte Beblätterung wäre da nur im Weg. Die fruchtenden Zapfen bleiben noch lange an den Bäumen. So sind die Schwarz-Erlen auch im Winter noch leicht zu erkennen. Früher wurde die namensgebende dunkle Borke der Schwarz-Erle zum Schwarzfärben von Stoffen verwendet. Heute dient das Holz dazu, Aale und Forellen zu räuchern und ihnen einen unverwechselbaren Geschmack zu verleihen. Schwarz-Erlen sind auch Bestandteil zahlreicher Nordlandsagen.

März–Apr | 10–25 m

Stiel-Eiche

Quercus robur
Buchengewächse

Merkmale: Stiel-Eichen bekamen ihren Namen durch ihre gestielten Früchte, die Eicheln. Die kurz- bis ungestielten Blätter weisen auf jeder Seite drei bis sechs gleichmäßige Lappen auf, jedoch sind sie eher asymmetrisch aufgebaut. Die männlichen Blüten hängen in kleinen Kätzchen an den Zweigen, die weiblichen sind als rote Knöpfchen erkennbar. Alle erscheinen im späten Frühjahr. Die in behaarten Bechern zu zweit oder dritt an langen Stielen stehenden Eicheln werden im September ausgebildet.
Vorkommen: Stiel-Eichen sind lichtbedürftig, sie brauchen feuchte, kalkhaltige Böden und ein relativ feuchtes Klima. Sie sind also hervorragend an ein Leben in den Dünen angepasst. Natürlich erreichen sie hier nie die Höhen, die sie am Festland erreichen würden, da der stetig über die Dünen streichende Westwind ihnen die Wuchshöhe begrenzt.
Wissenswertes: Das letztgenannte Phänomen wird als Windschur bezeichnet. Die Bäume wachsen in ihrem eigenen Windschatten oder in demjenigen der Dünen. Dadurch sehen die Inselwäldchen oft wie schräg abgeschnitten aus. Von einer silbergrauen, später dunklen Borke wird ein Stamm besten Nutzholzes umhüllt, das auch unter Wasser lange haltbar bleibt (Schiffbau). Die Eiche ist ein ehrwürdiger „deutscher“ Baum. Bei den Germanen dem Gott Thor geweiht, waren uralte Eichen traditionsreiche Bäume, die oftmals als Richteichen der Rechtsprechung unter ihren ausladenden Kronen dienten. Sie können 500 bis 1200 Jahre alt werden.

Feb–Apr
20–50 m

Gras-Sternmiere

Stellaria graminea
Nelkengewächse

Merkmale: Mit ihren auffallend weißen Blütensternen leuchtet die Gras-Sternmiere im Früh- und Hochsommer. Die fünf sehr tief eingeschnittenen Blütenblätter erwecken den Eindruck einer radiären, 10-teiligen Blüte. Diese hat jedoch nur je drei Griffel und leuchtend gelb hervortretende Staubblätter. Mehrere Blüten sind in einer ästigen Trugdolde vereint. Die trockenhäutigen Hochblätter an der Basis der Blüten sind am Rand bewimpert. Ein Stützgewebe lässt den grasgrünen, dünnen Stängel vierkantig erscheinen. Er ist aber gleichwohl kraftlos und wirkt in den Gabelungen wie abgeknickt. Meistens werden die Pflänzchen von den umgebenden Grashalmen gestützt. Dazu ist die starke Verästelung der Sprossachsen sehr hilfreich. So kann die Gras-Sternmiere Höhen von 30 cm erreichen. Die dünnen, grasartigen Blätter sitzen gegenständig ungestielt auf dem Stängel. Die im Spätsommer erscheinenden Kapselfrüchte öffnen sich mit sechs Klappen.

Vorkommen: Man findet Gras-Sternmieren häufig auf trockenrasenähnlichen Fluren, in den Dünen meist auf sonnigen Hängen, die viel Licht versprechen. Sie bevorzugt sandigen Boden, der aber nicht zu kalkhaltig sein darf. So ist sie optimal geeignet für einen Lebensraum in den Dünen. Dort wo sie wachsen kann, ist sie lokal häufig anzutreffen.

Wissenswertes: Die Gras-Sternmiere überwintert mit einem unterirdischen Wurzelstock. Ihren Namen bekam sie wohl von ihren grasartigen Blättern. Auch der wissenschaftliche Name ist darauf zurückzuführen (Graminae = alter Name für die Süßgräser).

Mai–Juli | 15–30

Ausdauernder Knäuel
Scleranthus perennis
Nelkengewächse

Merkmale: Der niedrige, maximal 15 cm, meist jedoch nur wenige Zentimeter hohe Ausdauernde Knäuel wird schnell übersehen. Dort, wo die Gräser zurückgehen und keine dichten Rasen mehr bilden, kann der Knäuel sich etablieren und bei optimalen Bedingungen weite Teile teppichartig mit seinen graugrünen Stängelchen überziehen. Der Ausdauernde Knäuel ist ein mehrjähriges und genügsames Nelkengewächs. Die winzigen Blüten sind in kleinen Knäueln angeordnet. Die Blütenblätter wurden reduziert und fehlen ganz. Die weiße Färbung wird von den Kelchblättern verursacht, die somit die Funktion der Blütenkrone übernehmen. Diese Reduktion stellt eine Anpassung an bestimmte Lebensbedingungen und an spezielle Insekten dar. Die niederliegenden Stängel sind mit kleinen, pfriemlichen Blättchen besetzt. Ihre leicht graue Färbung wird von zahlreichen feinen Härchen erzeugt.

Vorkommen: Dieses niedrige Nelkengewächs findet man auf kalkfreien, sonnigen Dünenarealen, bevorzugt auf der Südseite älterer Braundünen.

Wissenswertes: Der Ausdauernde Knäuel zeigt leicht saure Böden an und besiedelt gern stark betretene Bereiche, gehört also zur sogenannten Trittgesellschaft. Klein, ausdauernd und fein behaart trotzt er der starken Sonnenbestrahlung und den stetigen Winden. Die Blüten nahezu aller Nelkenarten sind Spezialanfertigungen für bestimmte Insekten, die durch ihre Bestäubung das Überleben dieser Pflanzen sichern.

Mai–Sept

5–15

Ohrlöffel-Leimkraut
Silene otites
Nelkengewächse

Merkmale: Das Ohrlöffel-Leimkraut fällt vor allem durch seinen angenehmen Duft auf, den es bevorzugt abends abgibt, da es sich überwiegend durch Nektar saugende Nachtfalter bestäuben lässt. Seine unscheinbaren Blüten sind getrenntgeschlechtlich. Ein Leimring an der Blüte (siehe unten) und die Blätter, die einem Ohrlöffel gleichen, waren wohl namengebend für das kleine Nelkengewächs. Seine Blütenblätter sind nur 3 bis 5 mm lang, unscheinbar gelblich grün gefärbt und nicht gespalten, wie sonst bei Nelken üblich. Das Fehlen einer üppigen Blütenkrone wird durch den Duft kompensiert. Die Kelchblätter sind unbehaart. Die Staubblätter lassen ihre Pollensäcke an langen Fäden (Filamenten) aus der Blüte heraushängen.
Vorkommen: Dieses zu den Lichtnelken gehörende Pflänzchen wächst sehr häufig in den jüngeren Braundünen, auf freien Flächen, am Wegesrand, aber auch auf Trockenrasen der südlichen Dünenhänge.
Wissenswertes: Der Duft lockt viele Insekten an, aber längst nicht alle sind erwünscht. Daher produzieren die Blüten einen Leimring, der die unwillkommenen Insekten auf Abstand hält und nur die gewünschten Nachtfalter mit ihrem langen Rüssel an den süßen Nektar lässt. Der Gattungsname *Silene* weist auf den Silen hin, den Begleiter des Weingottes Bacchus. Ebenso wie die meisten Arten der Gattung einen dickbäuchigen Blütenkelch haben, so hatte auch er einen recht dicken Bauch.

Kleiner Sauerampfer

Rumex acetosella
Knöterichgewächse

Merkmale: Der Kleine Sauerampfer ist im Gegensatz zu seinem großen Bruder, dem **Großen Sauerampfer** (*R. acetosa*), wirklich ein Zwerg, er wird meist nur 10 bis 15 cm groß. Umso häufiger kommt er jedoch auf den trockenen Dünenhängen vor und kann zur Blütezeit die Magerrasen mit einem lockeren roten Teppich überziehen. Männliche und weibliche Blüten wachsen an unterschiedlichen Individuen (Zweihäusigkeit). Die roten Blüten stehen in einer lockeren Rispe, in deren Bereich sich der Stängel dann verzweigt. Vorher steigt er unverzweigt gerade auf und ist bis an den unteren Rand der Rispe mit grasartigen, lanzettlichen und kurz gestielten Blätter besetzt. Die Blätter schmecken sehr bitter.

Vorkommen: Der Kleine Sauerampfer findet sich auf kurzrasigen Bereichen überwiegend in den alten Grau- und jungen Braundünen.

Wissenswertes: Seine geringe Größe hindert den kleinen Sauerampfer nicht, etwas Besonderes zu sein. Als Windblüter erzeugt er extrem viele Pollenkörner, sein großer Bruder ist sogar mit etwa 400 Millionen eine der Pflanzen mit den meisten Pollenkörnern in unserer Flora. Wie viele windbestäubte Pflanzen ist auch der Kleine Sauerampfer eine zweihäusige Pflanze. Durch die eingelagerte Oxalsäure kann der Ampfer beim Genuss größerer Mengen gesundheitsschädlich sein. Trotzdem wurde er wegen seines hohen Vitamin-C-Gehaltes gelegentlich gegessen. Heute dient er eher als Delikatesse. Die Pflanze kann sich durch Wurzelbrut (Pflanzentriebe aus oberflächennah wachsenden Wurzeln der Mutterpflanze) rasch ungeschlechtlich vermehren.

Mai–Juli | 5–30

Wildes Stiefmütterchen

Viola tricolor

Veilchengewächse

Merkmale: Ab Mai erscheinen die Blüten des einjährigen Stiefmütterchens, das im Küstenraum auch als Dünen-Stiefmüttchen oder Dünen-Veilchen bekannt ist. Sein wissenschaftlicher Name weist auf die Dreifarbigkeit der Blüten hin, die in ihrem oberen Bereich blauviolett, im unteren Bereich meist weiß gefärbt sind, während der Schlund und auch der Sporn eine leuchtend goldgelbe Farbe haben. Auf trockenen Dünenhängen, normalerweise auf der Südseite, präsentiert das Dünen-Veilchen seine hübschen Blüten den ganzen Sommer über. Früh im Sommer findet man auch Pflanzen, die schon ihre typischen Kapselfrüchte gebildet haben. Die tief eingeschnittenen, gefiederten Blätter unterscheiden das Wilde Stiefmütterchen gut vom Hunds-Veilchen. Sie sitzen an einem überwiegend aufrechten Stängel. Die kleinen Nebenblätter weisen einen vergrößerten Mittelabschnitt auf.

Vorkommen: Das Dünen-Veilchen ist ein wenig säureliebend, daher ist es eher in den älteren Braundünenabschnitten anzutreffen.

Wissenswertes: Wie der Name Stiefmütterchen zustande kam, ist nicht einwandfrei zu klären. Die Tatsache, dass der Name über 400 Jahre alt ist, lässt auf eine lange Bekanntheit und auch Verwendung schließen. Das Wilde Stiefmütterchen ist als Heilpflanze bekannt. Seine Wurzel enthält Saponine, die durch Komplexbildung die Aufnahme von Nahrungscholesterin im Darm verhindern. Aus Wurzeln, Blättern und Blüten wird ein blutreinigender Tee aufgebrüht.

Mai–Okt | 10–20

Hunds-Veilchen

Viola canina
Veilchengewächse

Merkmale: Sehr selten erscheint auf den Dünen und in den Inselwäldchen das Hunds-Veilchen. Ganzrandige, nicht eingeschnittene Blätter unterscheiden diese formenreiche Veilchenart vom Wilden Stiefmütterchen. Das Hunds-Veilchen hat im Gegensatz zu anderen Veilchen keine grundständigen Blätter. Die Laubblätter sind verkehrt-eiförmig und langgestreckt. Der lange Blattstiel trägt an seiner Basis zwei ausgefranste, bis 1 cm lange Nebenblätter. Ein meist steil aufrechter, schwach behaarter Stängel trägt an seinem Ende normalerweise nur eine einfarbig blauviolette, zierliche Blüte. Ihr Schlund ist weißlich gefärbt. Der Sporn an der Blütenunterseite erscheint weiß oder gelblich und ist etwa 4 bis 8 mm lang. Damit ist er etwa zwei- bis dreimal so lang wie die Kelchanhängsel. Dieser Sporn beinhaltet ein Nektar absonderndes Organ. Die Blüten dieser mit einem Wurzelstock überwinternden Staude erscheinen zu Ostern und sind bis in den Frühsommer hinein zu sehen. Als Früchte werden kleine Kapselfrüchte gebildet, die schwarze Samen enthalten.

Vorkommen: Dieses formenreiche Veilchen bevorzugt kalkarme oder kalkfreie, sandige Böden, überwiegend in lichten Wäldchen, Heidegebieten, auf trockenen Rasen oder Mooren.

Wissenswertes: Wie alle Veilchenarten ist auch das Hunds-Veilchen streng geschützt und darf daher nicht gepflückt werden. Der deutsche Name ist vermutlich eine Entlehnung des wissenschaftlichen Namens (lat. *canis* = Hund).

Apr–Juni

5–15

Kriech-Weide

Salix repens
Weidengewächse

Merkmale: Noch bevor zahlreiche Klein- und Zwergsträucher mit der Bildung ihrer Blätter beginnen, blüht die Kriech-Weide und zeigt an blutroten Zweigen hellgelb leuchtende, weiß behaarte männliche und weibliche Kätzchen. Bei dem kleinsten Baum der Erde wächst der kriechende Stamm unterirdisch und entsendet von dort die für uns sichtbaren Triebe nach oben. Drückt der Wind die Triebe wieder auf den Boden, wurzeln sie dort. Nach der Blüte erscheint das Laub, unterseits seidig behaarte, längliche grüne Blättchen. Schon im Frühsommer fruchtet diese Weide. Dann sehen weite Dünenbereiche aus, als würde hier Baumwolle angebaut. Die Kapselfrüchte sind lang behaart, so dass der Wind die Samen forttragen kann, wenn ihm nicht zahlreiche körnerfressende Singvögel zuvorkommen.

Vorkommen: In Küstendünen besiedelt die Kriech-Weide weite Bereiche und durchzieht den Boden mit ihren unterirdischen Ausläufern. So legt sie in jungen Braundünen den Sand endgültig fest. Überwiegend auf moorigen Böden zu finden, gedeiht die Kriech-Weide in Dünentälern, ist aber auch in der Lage, Dünenkuppen zu überwachsen.

Wissenswertes: Durch das unterirdische Wachsum ist der Stamm bestens vor Witterungseinflüssen geschützt und der Baum kann auch kalte Regionen gut besiedeln. Das dichte Gebüsch der aufsteigenden Triebe lässt anderen Arten kaum Möglichkeiten, zu existieren. Salicyl ist ein früher aus Weiden gewonnenes Schmerzmittel.

Apr–Mai 30–100

Rundblättriges Wintergrün

Pyrola rotundifolia
Wintergrüngewächse

Merkmale: Wintergrüngewächse sind sehr seltene, auf spezielle Bodenverhältnisse angewiesene Pflanzen einer eigenen Pflanzenfamilie. So auch das Rundblättrige Wintergrün, welches im Spätsommer seine leuchtend weißen, zuweilen rot überlaufenen, glockenförmigen Blüten zeigt. Diese sind zu 10 bis 30 in einer allseitswendigen lockeren Traube angeordnet. Ihre Griffel ragen weit aus den glockigen, nickenden Blüten heraus. Dadurch kann man es gut vom Kleinen Wintergrün unterscheiden. Die dunkelgrünen Blätter sind in einer grundständigen Rosette angeordnet. Sie fühlen sich ledrig an. Sie sind am Rand fein gekerbt und auch im Winter grün (Name).

Vorkommen: Das Rundblättrige Wintergrün wächst sehr versteckt, meist in Krähenbeerheiden oder lieber noch am Rande von Kriechweiden-Gebüschen auf moorigen, feuchten und leicht sauren Böden.

Wissenswertes: Mit den Weiden gehen die Pflanzen eine Wurzelsymbiose ein. Dadurch wird für sie der von den Weiden aufgenommene Bodenstickstoff verfügbar. Eine Befruchtung erfolgt gelegentlich durch Käfer, meist ist der Insektenbesuch jedoch trotz des intensiven Duftes gering. Die Vermehrung erfolgt überwiegend durch Selbstbestäubung. Der Name *Pyrola* wird abgeleitet von *Pyrus* (Birnbaum), da die Blätter einander ähneln. Das Rundblättrige Wintergrün ist eine alte Heilpflanze, seine Blätter enthalten Arbutin, ein Glycosid, dass wegen seiner desinfizierenden Wirkung medizinisch eingesetzt wird. Da die Art eher selten ist, versteht es sich von selbst, die Pflänzchen an Ort und Stelle zu belassen.

Juli–Aug
15–30

Kleines Wintergrün

Pyrola minor
Wintergrüngewächse

Merkmale: Im Gegensatz zum Rundblättrigen Wintergrün ragt der Griffel des Kleinen Wintergrüns nicht aus den glockigen weißen Blüten heraus. In allem ist es zierlicher gebaut, die Anzahl der Blüten variiert zwischen 4 und 16, aber auch sie sind in einer allseitswendigen Traube an dem aufrechten Stängel angeordnet. Die geringere Größe, die etwas spitzer zulaufenden Blätter und die den Blütenblättern anliegenden, dreieckigen Kelchblätter unterscheiden es von seiner größerer Schwester. Die immergrünen Laubblätter sind am Rand ebenfalls leicht gekerbt, ledrig, aber eher eiförmig als rund. Sie sind in einer grundständigen Rosette angeordnet. Der Stängel ist nahezu blattlos.
Vorkommen: Das Kleine Wintergrün bevorzugt leicht saure, moorige und feuchte Böden und ist häufig vergesellschaftet mit anderen Wintergrün-Arten an lichten Stellen in niederen Kriechweiden-Gebüschen zu finden.
Wissenswertes: Wie bekannt die Wintergrüngewächse allgemein sind, ist erkennbar an verschiedenen Ortsbezeichnungen auf den Nordseeinseln. Das Pirolatal auf Langeoog bekam so seinen Namen. Durch zunehmende Grundwasserentnahme und dem damit sinkenden Grundwasserspiegel werden jedoch immer mehr feuchte Dünentäler ausgetrocknet, die den Wintergrün-Arten optimalen Lebensraum bieten, so dass diese stark zurückgegangen sind und nun vom Aussterben bedroht sind, auch wenn sie begrenzt sehr zahlreich auftreten können.

Juni–Aug | 10–20

Besenheide

Calluna vulgaris
Heidekrautgewächse

Merkmale: Die Besenheide ist ein 20 bis 100 cm hoher Zwergstrauch, dessen Triebe vom Grund an verholzen. Sie blüht bis weit in den Herbst hinein und zeigt ihre dunkelrosa gefärbten, nickenden kleinen Blüten mit tief eingeschnittenen Blütenblättern auch teilweise noch unter Schneebedeckung. Die Blüten sind endständig in einseitswendigen, dichten Trauben angeordnet. Meistens sind die Sträucher kleinwüchsig und vom steten Westwind in eine buckelige Form gebracht worden. Die gegenständigen Blätter sind mit 1 bis 2 mm Länge sehr klein, lineal lanzettlich geformt und in vier Längsreihen an den Zweigen angeordnet. Die Besenheide ist ein frostхartes Gewächs und hat auch im Winter grüne Blätter.

Vorkommen: Durch ihr sattes Dunkelgrün und das ab dem Spätsommer erscheinende Rosa der Blüten prägen die aspektbildenden Zwergsträucher ganze Dünenlandschaften wie z. B. auf Wangerooge. Man findet Heidekräuter oft auf trockenen Sandböden, Heiden, aber auch in Mooren.

Wissenswertes: Die Besenheide ist ein Magerkeitsanzeiger (sie wächst dort, wo nur wenig Nährstoffe im Boden sind), liebt sauren Boden und ist oft in küstennahen Heiden zuhause. Sie enthält Flavone, Gerbstoffe und Arbutin und ist als Heilpflanze bekannt. Als dominante und bestandsbildende Pflanze in entsprechenden Regionen ist sie die Basis für den bekannten Heideblütenhonig. Ihren Namen hat sie vermutlich den niederliegenden bis aufsteigenden, nahezu unverzweigten Stängeln zu verdanken. Sie wird häufig als Zierstrauch angepflanzt.

Juli–Nov

20–100

Glocken-Heide

Erica tetralix
Heidekrautgewächse

Merkmale: Im Gegensatz zur Besenheide ist die Glocken-Heide mit etwas auffälligeren Blüten versehen. Diese sorgten wohl auch für ihren Namen. Die leuchtend rosa glockenförmigen Blütenkronen sind endständig in 5- bis 15-blütigen Dolden angeordnet. Dadurch ist sie unverkennbar zu bestimmen. Sind die Blüten ausgeblüht, trocknen sie und verfärben sich rostrot, die Blütenblätter fallen jedoch nicht ab. Die aufsteigenden und aufrechten Äste dieses mehrjährigen Zwergstrauches sind fein behaart und wirken daher leicht filzig. So kommt auch die leicht graugrüne Färbung der Sprosse und Blätter zustande. Ihre dunkelgrünen, nadelförmigen Blätter sind wirtelig angeordnet, steif behaart und am Rand leicht eingerollt.

Vorkommen: Die Glocken-Heide liebt feuchtere, moorige Bereiche in den Küstendünen, ist daher überwiegend in den windgeschützten Tälern der jüngeren und älteren Braundünen anzutreffen. Dort wächst sie häufig in kleineren Horsten und hebt sich weithin sichtbar von der restlichen Heide-Vegetation ab. Im Binnenland findet man sie auf sauren Torf- und Heidemooren, allerdings sehr viel seltener.

Wissenswertes: Ihre glockenförmigen Blüten locken zahlreiche Insekten zur Bestäubung an, überwiegend jedoch Hummeln, denn die Insekten benötigen einen mindestens 6 mm langen Rüssel, um den Nektar zu erreichen. Von Dichtern häufig beschrieben, ist die Glocken-Heide jedoch seltener anzutreffend als die ähnliche Besenheide.

Juli–Aug

10–50

Schwarze Krähenbeere
Empetrum nigrum
Krähenbeerengewächse

Merkmale: Sehr unauffällig blüht diese bekannte Pflanze der Dünen, deren herbstliche Braunfärbung angeblich den Braundünen ihren Namen gegeben haben soll. Die Blüten der Schwarzen Krähenbeere sind maximal 2 mm lang, rosa oder purpurn, je nachdem, ob männlich (rosa) oder weiblich (pupurn). Die aufrechten bis niederliegenden, verholzten Zweige werden bis zu 50 cm lang, sind stark verzweigt und wachsen sehr dicht beieinander. Sie sind eng mit kleinen nadelförmigen Rollblättern besetzt.
Vorkommen: Die Krähenbeere ist in den Küstendünen häufig und bildet ganze Bestände, allerdings ist sie auf die Nordhänge der Braundünen beschränkt, denn hier herrscht das notwendige, feuchte Mikroklima. Dort bildet sie einen dunkelgrünen, dichten Teppich, der nur ab und zu von einigen Wedeln des Tüpfelfarns (siehe Seite 51) unterbrochen wird.
Wissenswertes: Die Krähenbeere ist ein zweihäusiger, skandinavischer Zwergstrauch, der im ostfriesischen Küstenraum seine südlichste Verbreitung hat. Sie hat eine eiszeitliche Schwester in den Alpen, die **Zwittrige Krähenbeere** (*E. hermaphroditum*). Die Blüten erscheinen sehr früh im Jahr, meist zu einer Zeit, in der kaum Gäste die Küstendünen besuchen. Jeder erkennt sie aber im Spätsommer an ihren glänzend schwarzen Beeren, die sogar essbar sind. Spätestens blauschwarze Flecken auf Wegen und Gartenstühlen zeugen von deren Reife, denn viele Vögel (Krähen!) machen sich über den üppig gedeckten Tisch her. Die Zwergsträucher können 140 Jahre alt werden.

Mai–Juni

30–50

Kartoffel-Rose

Rosa rugosa
Rosengewächse

Merkmale: Ihr wuchtiger Wuchs und die großen, hellgrünen, runzligen Blätter sind die vegetativen Kennzeichen der Kartoffel-Rose. Die großen dunkelrosa oder reinweißen Blüten locken im Sommer mit ihrem Duft zahlreiche Insekten an. Im Herbst bilden sie kleine, in einer fruchtigen roten Hagebutte versteckte Samen aus, deren Hülle dick und fleischig ist.

Vorkommen: Die Kartoffel-Rose ist eine sichtbar weitverbreitete Rose in den Braundünen.

Wissenswertes: Die Kartoffel- oder Runzel-Rose ist unter verschiedenen Namen bekannt. Als Friesenrose diente dieser sehr robuste Strauch als Vorlage für die Abbildungen auf friesischem Teegeschirr, Apfel-Rose deutet auf ihre wie kleine Äpfel aussehenden, leuchtendroten Früchte hin, während die Bezeichnung Kamtschatka-Rose eher auf ihre ursprüngliche Heimat in Nordasien hinweist. Sie wird im Küstengebiet schon lange angepflanzt und hat sich aufgrund der für sie optimalen Bedingungen konkurrenzlos in den Dünen etablieren und ausbreiten können. Dabei verdrängt sie immer mehr die heimische Dünen-Rose. Viele kleine und große Vogelarten nutzen das dichte Laub dieses sommergrünen Strauchs als Nistplatz, denn dieser bietet neben dem Sichtschutz durch seine Bestachelung zusätzlich eine mechanische Abwehr gegen Feinde. Aus den Blütenblättern werden wohlschmeckende Tees hergestellt, die Griechen bereiten auch heute noch einen guten Likör daraus zu. Die Früchte ergeben eine leckere Marmelade.

Mai–Juni

50–400

Dünen-Rose, Bibernell-Rose

Rosa spinosissima
Rosengewächse

Merkmale: Weitaus zierlicher gebaut als die anderen „Dünen"-Rosen, hat diese auch als Pimpinell- oder Bibernell-Rose bezeichnete Art sehr kleine, filigran gefiederte Blätter. Ihre fünfzähligen, reinweißen oder cremefarbenen Blüten haben einen Durchmesser von etwa 3 bis 4 cm. Die bogigen, dunkelgrün belaubten Zweige bilden ein sehr dichtes Gebüsch, sind aber nur recht weich bestachelt. Die Sträucher erreichen auch nur geringe Höhen bis etwa einen dreiviertel Meter. Ihre kleinen dunkelroten bis schwarzen Hagebutten erscheinen schon im Spätsommer.
Vorkommen: Dünenrosen sind ausgesprochene Sonnen- und Sandliebhaber, daher sind sie auch überwiegend auf sandigen oder mageren Heideböden zu finden, nicht nur an der Küste. Dort ist sie dann aber bestandsbildend.

Wissenswertes: Die Dünenrose ist auf einigen Inseln sehr selten geworden, da sie sich nur schwer gegen die sehr dominante, eingeschleppte Kartoffelrose durchsetzen kann. Auf anderen Inseln wächst sie dagegen üppig in der älteren Braundünen-Landschaft. Während auf Juist zahlreiche Dünenrosen im Sommer den Gästen ihren angenehmen Duft präsentieren, wird der Rosenfreund auf Spiekeroog und Langeoog länger nach den Blüten Ausschau halten müssen. Allerdings haben alle Inseln an versteckten Standorten irgendwo ihre Dünenrosen. Die schwarzen Früchte dienen Vögeln als Nahrung, die gleichzeitig auch die Samen verbreiten. Man sollte die seltene Pflanze also nicht abpflücken.

Mai–Juni | 10–70

Hunds-Rose

Rosa canina
Rosengewächse

Merkmale: Eine auf den Inseln und an der Küste eher seltene Rose ist die Hunds-Rose. Doch kann man sie mancherorts in den Dünen noch zwischen den vorherrschenden Kartoffel-Rosengebüschen erblicken. Bekannt ist sie vor allem durch ihre roten Früchte, die Hagebutten, die im Gegensatz zu denen der Kartoffel-Rose recht schlank sind. Ihre zartrosa, etwa 2 cm langen Blütenblätter und ein kleiner Schopf gelber Staubblätter kennzeichnen sie im Juni, ihre kleinen Blüten duften angenehm. Sparrige Stängel und ein je nach Standort aufrechter, buschiger bis niederliegender, kriechender Wuchs sind ihre vegetativen Merkmale. Die Stängel tragen unpaarig gefiederte dunkelgrüne Blätter, deren Fiederblättchen am Rand gezackt sind. Die Blätter sind etwas zierlicher und nicht so runzlig wie die der viel kräfiger aussehenden Kartoffel-Rose. Bewehrt sind die kahlen Zweige durch zahlreiche, in weiten Abständen angeordnete, zurückgebogene Stacheln.

Vorkommen: Hunds-Rosen findet man an Waldrändern, in lichten Bereichen und an Wegrändern in den Dünen.

Wissenswertes: Ihren Namen bekam die Hunds-Rose durch die Tatsache, dass in den Gallen ihrer Blätter (durch den Stich der Rosengallwespe hervorgerufene Gewebe-Wucherungen) ein Gegengift gegen Hundebisse vermutet wurde. Heute werden ab und zu noch ihre Früchte verwendet, um Gelee oder Marmelade herzustellen. Aus den Blütenblättern gefertigte Rosentees helfen gegen Kopfschmerzen oder Halsentzündungen.

Juni | 130–280

Eberesche

Sorbus aucuparia
Rosengewächse

Merkmale: Die Eberesche ist ein bis zu 8 m hoher, oft strauchartiger Baum mit einer sehr glatten, hell- bis dunkelgrauen Borke. Die Art ist leicht an ihren gefiederten Blättern erkennbar. Diese tragen fünf bis sieben längliche, hellgrüne Fiederpaare, deren Ränder scharf gesägt sind. Von Mai bis in den Juli hinein erscheinen die kleinen weißen Blüten. Sie verströmen einen unangenehmen Duft. In filzig behaarten Doldenrispen angeordnet, ermöglichen sie durch die vergrößerte Oberfläche eine Bestäubung auch durch schwere Insekten. Im Herbst bilden sich aus den Blüten leuchtend scharlachrote Früchte, die von den zahlreichen durchziehenden Singvögeln als willkommene Mahlzeit geschätzt werden. So kam die Eberesche zu dem Namen Vogelbeere, unter dem sie häufig noch bekannter ist. Auch nach dem Laubfall sind die Sträucher noch mit vielen Früchten behängt, ein deutliches Signal über dem ersten Schnee für die ziehenden Drosseln, die durch das Fressen der Früchte auch die Samen verbreiten.

Vorkommen: In den Dünen ist die Eberesche in älteren Braundünenbereichen häufig mit Weißdorn und Holunder vergesellschaftet zu finden. Sie verlangt etwas feuchtere Bereiche und wächst auch auf leicht sauren, moorigen Böden.

Wissenswertes: Für den Menschen sind die stark Vitamin-C-haltigen, bitteren Früchte wenig genießbar, man kann aber Marmelade daraus kochen. Sie wurden ursprünglich zur Alkoholgewinnung verwendet. Der Name Eberesche leitet sich von „Scheinesche" ab, da die Blätter denen der Eschen recht ähnlich sehen.

Mai–Juli

bis 8 m

Eingriffliger Weißdorn

Crataegus monogyna
Rosengewächse

Merkmale: In den jüngeren Braundünen begegnet uns ein weiterer weiß blühender Vertreter der Rosengewächse mit roten Früchten: der Weißdorn. Die Blüten des Eingriffligen Weißdorns sorgten für seinen Namen, denn die Fruchtknoten bilden nur einen Griffel aus. Seine Laubblätter sind drei- bis fünflappig und deutlich tief eingeschnitten. Die strahlend weißen Blüten erscheinen in kleinen Doldenrispen überwiegend im Juni, sie haben einen angenehmen und intensiven Geruch. Zum Ende des Sommers bilden sich aus ihnen dann kleine hellrote Beeren, deren Samen in einem Steinkern eingeschlossen ist. Das Laub dieses bis zu 10 m hohen Strauches ist hellgrün und hebt sich durch seine geringere Größe von dem Laub der mit ihm häufig vergesellschafteten Holunderbüsche deutlich ab. Die Zweige machen dem Namen alle Ehre, denn sie sind mit spitzen Dornen bewehrt, die oft in den Achseln neuer Triebe stehen.

Vorkommen: Der Weißdorn ist häufig in den Dünen anzutreffen, da er Trockenheit recht gut verträgt. Man findet ihn auf flachgründigen Sandböden zwischen Ebereschen und Schwarzem Holunder. Oft ist er auch an Wegrändern zwischen Schlehdorngebüschen anzutreffen. Die Art ist in Europa weit verbreitet.

Wissenswertes: Über die Früchte des Weißdorns fallen im Herbst zahlreiche Vögel, allen voran die Stare und Drosseln, her. Er wird gern als Hecke angepflanzt. Blüten und Blätter werden in der Medizin bei Herzkrankheiten eingesetzt.

Juni | 5–10 m

Schlehe, Schwarzdorn

Prunus spinosa
Rosengewächse

Merkmale: Sehr früh im Jahr erscheint die weiße Blütenpracht des auch Schlehdorn genannten Strauchs in den noch kargen und leeren Braundünen. Die kleinen weißen, einzeln stehenden Blüten weisen den Schlehdorn als Rosengewächs aus. Noch bevor das Laub austreibt, sind die meisten Blüten schon wieder verblüht. Die kleinen, elliptischen Laubblättchen sind kurz gestielt und scharf gesägt. Im Spätsommer, Ende September, sind die stark bedornten Zweige mit blau bereiften, dunklen Steinfrüchten behängt.
Vorkommen: Der Schlehdorn findet sich lokal häufig in sonnigen Bereichen der Braundünen.
Wissenswertes: Der wissenschaftliche Gattungsname *Prunus* klingt vertraut, denn viele Gartensteinobstgewächse gehören ebenfalls in diese Gattung. Dazu zählen Pflaumen, Pfirsiche, Kirschen und die daraus veredelten Zierformen. Die Blüten werden getrocknet zu Tee aufgebrüht, der zur Blutreinigung beitragen soll. Die Früchte des Schlehdorns sind reichhaltig an Gerbstoffen und vielseitig verwendbar (Marmelade, Likör, Schlehenkorn). Sie sind aber erst wirklich reif, wenn sie den ersten Frost überstanden haben. An den Dornen des Schlehdorns findet man gelegentlich aufgespießte Mäuse, Insekten oder Kleinvögel. Verantwortlich für dieses makabre „Vorratslager“ ist der Neuntöter, ein mittelgroßer Vogel mit schwarzer „Augenbinde“ aus der Familie der Würger. Er nistet gern in den bis zu 3 m hohen, dichten Büschen und legt sich durch das Aufspießen der Beutetiere einen Vorrat an Nahrung an.

März–Apr
200–300

Stechginster

Ulex europaeus
Schmetterlingsblütler

Merkmale: Durch seine zahlreichen Dornen macht der Stechginster seinem Namen alle Ehre. Die dunkelgrünen, sparrigen Zweige sind verhältnismäßig kurz und verleihen der Pflanze ein buckeliges Aussehen. Der dichte Wuchs steht in Verbindung mit den bevorzugten Standorten, die häufig stetigem Wind ausgesetzt sind. Die Farbenpracht des Stechginsters offenbart sich im frühen Frühjahr, wenn die dichten Büsche ihre leuchtend gelben Blütenfahnen entfalten. Bis spät in den Sommer sind sie zu sehen, bevor sie den charakteristischen schwarzen, filzig behaarten Hülsen weichen, die die Samen enthalten. Die Hülsen platzen bei trockener Witterung mit einem lauten Knacken auf und schleudern so die Samen in die Umgebung. Je nach Standort können die Büsche bis zu 1,50 m hoch werden.

Vorkommen: Als Sandliebhaber steht der Stechginster gern in Grau- und alternden Braundünen in windigeren Bereichen. Er liebt hohe Luftfeuchtigkeit, weshalb man ihn häufig in den Küstendünen antreffen kann.

Wissenswertes: Frost kann den Büschen schaden, weshalb vielfach die im Winter den frostigen Nordostwinden ausgesetzten Seiten grau und verdorrt sind. Die Dornen sind sowohl umgewandelte Blätter als auch Kurztriebe. Als Schmetterlingsblütler hat der Stechginster viel Verwandtschaft. Nicht nur weitere Ginsterarten, sondern auch Wicken, zahlreiche Klee-Arten und die wehrhafte Hauhechel sind Mitglieder einer der größten Pflanzenfamilien.

Apr–Juli | 100–150

Besenginster

Cytisus scoparius
Schmetterlingsblütler

Merkmale: Etwas später im Jahr öffnet ein zweiter Ginster seine goldgelben Blüten: der Besenginster. Ohne Dornen, dafür an seinen kantigen Zweigen und Stängeln eindeutig zu erkennen, ist er in den Dünen etwas häufiger anzutreffen als der Stechginster, da er weniger empfindlich ist. Seine rutenähnlichen Äste gaben ihm seinen Namen: Sie wurden zu Herstellung von Besen verwendet. Die zahlreichen, sehr kleinen Blätter sind den gerillten Stängeln direkt aufgesetzt, zwischen ihnen setzen die großen, lebhaft gelben Blüten an. Diese zeigen den typischen Aufbau der Schmetterlingsblütler mit Fahne und Schiffchen. Bis zu 2 m hoch kann der dunkelgrüne Busch werden. Im Spätsommer erscheinen als Früchte dann nach und nach lange, schwarze Hülsen, die einen feinen weißen Pelz tragen. Durch ihr lautes Aufplatzen in der Mittagssonne werden die Samen weit weggeschleudert und verteilt.

Vorkommen: Der Besenginster ist verhältnismäßig anspruchslos an seinen Standort. Viel Licht und Sandboden sind optimal, aber auch Schuttstellen, Bahndämme und Wegraine sind ein bevorzugtes Terrain.

Wissenswertes: Der Besenginster reichert den Boden mit Stickstoff an, ist selbst aber kalkscheu. Daher wird man ihn vergeblich in den jüngeren Dünen suchen. Er ist als alte Heilpflanze bekannt. Seine Samen und Blüten werden in schweißtreibenden Tees verwendet. Dieser wirkt vermutlich auch gegen Nierensteine.

Mai–Juni | 60–200

Hopfenklee

Medicago lupulina
Schmetterlingsblütler

Merkmale: Ein weiterer gelb blühender Schmetterlingsblütler ist der Hopfenklee, der wegen seiner aufgerollten Schötchen auch als Schneckenklee bezeichnet wird. Seine Blüten, die trotz ihrer geringen Größe dem Schema der Schmetterlingsblütler entsprechen, stehen zu 10 bis 50 in einer Traube, die als kugeliges Köpfchen erscheint. Aus diesen Blüten bilden sich zum Herbst hin die die Samen enthaltenden Schötchen. Zur Reife sind diese dann pechschwarz gefärbt. Wichtiges Kennzeichen, zum Beispiel zur Unterscheidung vom Feld-Klee, ist das Abfallen der Blütenblätter, nachdem sie verblüht sind. Die Laubblätter des Hopfenklees sind ungleich gefiedert, die Endfieder hat ein etwas längeres Stielchen. An der Spitze sind die Blätter ausgerandet und weisen ein kleines Spitzchen auf. Unterseits können sie behaart sein.

Vorkommen: Zu finden ist der Hopfenklee auf Halbtrockenrasen auf den sonnenzugewandten Seiten der Dünen. Er bevorzugt die weniger windigen Bereiche in den Braundünen, wo genügend Nährstoffe und vor allem Licht vorhanden sind.

Wissenswertes: Der Name ist durch die wie Hopfenblüten aussehenden Blütenstände entstanden. Zahlreiche Klee-Arten bevölkern die Dünen und lassen die farbenfrohe Pracht ihrer Blüten den ganzen Sommer über bestehen. Oft erfordert ihre Bestimmung genaues Hinsehen. Fast alle Klee-Arten sind, wie auch der Hopfenklee, von niederliegendem Wuchs geprägt.

Mai–Sept
10–40

Feld-Klee

Trifolium campestre
Schmetterlingsblütler

Merkmale: Etwas später im Jahr erscheinen die Blüten einer weiteren gelb blühenden Klee-Art: Der Feld-Klee hat seine Knospen geöffnet. Seine Blütenblätter fallen im Gegensatz zum Hopfenklee nach dem Verblühen nicht ab. Sie vertrocknen und ermöglichen als hellbraune „Flügel" die Verbreitung der Samen durch den Wind. Die Blütenstände sind ebenfalls kleine Köpfchen, allerdings sind sie weniger reichblütig (20 bis 30 Blüten). Die Blüten selbst sind größer, mit 4 bis 5 mm etwa doppelt so lang wie die des Hopfenklees. Der niederliegende Stängel trägt zahlreiche dreizählig gefiederte Blätter, an denen alle Kleearten zu erkennen sind. Darauf weist auch der Gattungsname der meisten Kleearten hin (*Trifolium* bedeutet Dreiblatt). Die Endfieder ist beim Feld-Klee deutlich länger gestielt als die Seitenfiedern und an ihrer Spitze etwas eingebuchtet. Der Stängel ist zierlich aufrecht behaart. Die Früchte werden meist durch die anhaftenden trockenen Blütenblätter verdeckt.

Vorkommen: Auch der Feld-Klee liebt trockene, sonnige Hänge und Magerwiesen. Man trifft ihn sehr häufig auf den sonnenzugewandten Dünenhängen, aber auch in den oberen Salzwiesenbereichen ist er zuhause.

Wissenswertes: Der Feld-Klee ist recht anspruchslos, er bevorzugt jedoch kalkarme Bereiche, so dass er eher in den älteren, entkalkten Braundünen anzutreffen ist. Man findet ihn aber auch zerstreut an Bahndämmen und Wegrainen.

Juni–Sept

5–30

Hasen-Klee

Trifolium arvense
Schmetterlingsblütler

Merkmale: Weniger durch seine Farbe als durch die Form seiner Blütenköpfchen fällt der Hasen-Klee auf. Lang behaarte Kelchblätter, deren Haare die Blütenblätter überragen, verleihen dem Blütenstand ein Aussehen, das an ein Hasenpfötchen erinnert. So bekam der Hasen-Klee seinen Namen. Die kleinen Blüten selbst sind unscheinbar weiß und verfärben sich zum Ende der Blütezeit leicht rötlich, so dass die zylindrischen, bis zu 2 cm langen Blütenstände leicht rotbraun erscheinen. Die dunkelgrünen Stängel liegen niedrig am Boden, nur diejenigen, die Blütenstände tragen, richten sich auf. Sie tragen dreizählig gefingerte Blättchen mit lanzettlich geformten Nebenblättern.

Vorkommen: Meistens wächst der Hasen-Klee weit verstreut auf Trockenrasen und an Wegrändern, aber immer auf sandigen, nährstoffarmen Böden. Er liebt die Wärme, daher ist er überwiegend auf der Südseite der Dünen zu finden. Wie fast alle Klee-Arten meidet er kalkige Standorte. Man trifft ihn sowohl in den Dünen als auch in der oberen Salzwiese. Gern wächst er auch auf der Sonnenseite des Deiches, sofern ihm dort nicht verschiedene Süßgräser und eingeschleppte Klee-Arten den Platz streitig machen.

Wissenswertes: Der Hasen-Klee ist als alte Volksheilpflanze bekannt. Sein wissenschaftlicher Name heißt wörtlich übersetzt „Wiesen-Klee". Da er sehr bitter schmeckt, wird er vom Weidevieh gemieden und kann sich so auf den beweideten Deichen etablieren.

Mai–Juni

8–30

Hornklee

Lotus corniculatus
Schmetterlingsblütler

Merkmale: Im plattdeutschen Volksmund wird er als „Muus-Arven" (Mäuse-Erbsen) bezeichnet, denn seine goldgelben, fast orangerot leuchtenden Blüten sehen vom Umriss her kleinen Mäuseköpfen ähnlich, seine Früchte sind lange, dunkelbraune Schoten, die an Erbsenhülsen erinnern. Der dunkelgrüne Wirrwarr von niederliegenden Stängeln und Laubblättern ist übersät mit zahlreichen Blüten. Sie sind zu drei bis sechs in einem doldigen Köpfchen angeordnet. Ihre Fahnen (obere Blütenblätter) sind häufig zu Beginn der Blütezeit teilweise rot überlaufen oder weisen rote Spitzen auf. Die Laubblätter wirken fünfzählig, zwei der Blätter sind jedoch dem Stängel aufsitzende Nebenblätter, die den Fiederchen der Laubblätter gleichen.

Vorkommen: Der Hornklee ist ein kleiner, auffälliger und weitverbreiteter Klee, den man auf Wiesen, an Wegrändern, Dünenhängen und in der Salzwiese findet. Bevorzugt wächst er auf Mager- oder Trockenrasen. Eine ähnliche Art, der **Salz-Hornklee** (*L. tenuis*), ist eher auf feuchten, salzigen Wiesen beheimatet. Erkennbar ist er vor allem an den deutlich längeren und schmaleren Fiedern der Stängelblätter.

Wissenswertes: Der Hornklee bildet Wurzelknöllchen aus, die den Bodenstickstoff binden. Dadurch ist er in der Lage, auch sehr magere Bereiche zu besiedeln. Den hochdeutschen Namen gab ihm wohl das hornförmige Schiffchen. Im Gegensatz zu anderen Klee-Arten zieht der Hornklee kalkreiche Böden vor. So kann man ihn auch häufig in den vorderen Dünenbereichen oder sogar am Strand finden.

Mai–Sept

5–30

Vogel-Wicke

Vicia cracca
Schmetterlingsblütler

Merkmale: Auffallend blauviolette, lang gestielte Trauben mit bis zu 30 Blüten kennzeichnen die Vogel-Wicke. Weit verbreitet rankt sie sich durch Wiesen, Büsche und Sträucher. Befähigt wird sie dazu durch die zu Ranken umgebildeten letzten Fiedern und Endfiedern der zierlichen, langen Blätter. Die einfach gefiederten Blätter bestehen aus 16 bis 20 schmalen, lanzettlichen Teilblättchen. Der kraftlose, leicht behaarte Stängel wächst windend um Grashalme und Sprosse anderer Pflanzen und schafft so die Blütentrauben näher zum Sonnenlicht. Die tiefblaue Blütenröhre weist einen seltsam schiefen Rand auf, ihre Staubblätter sind ebenfalls zu einer Röhre verwachsen. Deren Farbe kann zwischen blauen, blauvioletten und fast schon dunkelrosa Tönen variieren. Die Vogel-Wicke ist sehr formenreich.

Vorkommen: Ihre weite Verbreitung erreicht diese mehrjährige Pflanze durch ihre Anspruchslosigkeit. Sie bevorzugt zwar tiefgründige Lehmböden, die einen hohen Stickstoffgehalt aufweisen, daher ist sie häufig auf dem (beweideten) Deich anzutreffen. Sie begnügt sich aber auch mit Schuttstellen und Brachen. An der Küste findet man sie häufig an Stellen mit erhöhtem Stickstoffeintrag, der zum Beispiel durch Beweidung entsteht.

Wissenswertes: Der Name ist wohl eher abwertend gemeint und bezeichnet die für den Menschen nicht genießbare, den Vögeln überlassene Wicke. Über eine medizinische Verwendung ist nichts bekannt.

Juni–Juli | 5–30

Blut-Weiderich

Lythrum salicaria
Blutweiderichgewächse

Merkmale: Der „Stolze Heinrich", wie der aufrecht wachsende, bis zu 1,60 m hohe Blut-Weiderich auch genannt wird, ist unverkennbar und daher leicht zu bestimmen. Seine dichte, quirlige Blütentraube trägt zahlreiche purpurne Blüten, die als Besonderheit drei verschiedene Blütentypen entwickelt haben. Der vierkantige Stängel trägt gekreuzt gegenständig angeordnete, lanzettlich-spitze Blätter, deren dichte Behaarung sich auf die ganze Pflanze ausweiten kann.
Vorkommen: Er lebt überwiegend auf staunassen, stickstoffhaltigen Böden, an Bach- und Seeufern oder auf moorigen Böden. In diesem Biotop findet man ihn im Küstenraum am ehesten. Man trifft ihn auch im süßen Übergang zwischen Düne und Salzwiese an.
Wissenswertes: Die verschiedenen Blüten unterscheiden sich in der Länge ihrer Griffel. Diese präsentieren ihre Narbe entweder unter, zwischen oder über den unterschiedlich langen Staubblättern. So wird eine für die Pflanzen schädliche Selbstbestäubung verhindert. Eine weitere Besonderheit ist die Färbung der Pollen. Für die Befruchtung effektiv sind nur die unreif erscheinenden, grünen Pollenkörner, während die gelben, reif erscheinenden, für die Vermehrung aber nicht notwendigen Pollen Insekten als Nahrung angeboten werden. Seinen Namen erhielt der Blut-Weiderich nicht nur seiner Farbe wegen; seine Gerbstoffe haben blutstillende Wirkung und wurden entsprechend verwendet.

Juni–Sept

50–160

Sumpf-Herzblatt

Parnassia palustris

Herzblattgewächse

Merkmale: Das Sumpf-Herzblatt bringt im Spätsommer seine zahlreichen prächtigen Blüten hervor. Die recht großen Blütenblätter sind rein weiß und mit zarten violetten Ornamenten geschmückt. In der Mitte geben die auffälligen orangegelben Staubblätter den Blüten zusätzliche Farbtupfer. Sie erblühen nacheinander mit jeweils einem Tag Unterschied. Die Blüten sitzen einzeln auf den aufrechten, starren, blattlosen, saftig grünen Stängeln. Die herzförmigen Blätter gruppieren sich in einer Rosette am Boden.

Vorkommen: Wie schon der Name *palustris* (lat. *palus* = Sumpf) verspricht, leuchten die großen Blüten gern auf sumpfigen Wiesen und in moorigen Feuchtgebieten. In den Dünen findet man sie häufig vergesellschaftet mit Kriechweiden und Wintergrünpflänzchen. In moorigen Tälern mit Grundwasseranschluss sind sie auf den Inseln noch innerhalb älterer Braundünen zu finden.

Wissenswertes: Als Leberblümchen war das heute unter Schutz stehende Sumpf-Herzblatt früher bekannt, denn es enthält Stoffe, die bei Leberleiden helfen. Offenbar sammeln und fokussieren die parabolspiegelartigen, weißen Blütenblätter das Sonnenlicht, so dass die Blüten an kalten Tagen gern von Insekten als Platz zum Aufwärmen aufgesucht werden. Diese führen nebenbei die Bestäubung durch. In Griffelnähe (also etwa im Brennpunkt) liegen die Temperaturen um ca. 1,4 bis 2,9 °C höher als in der Umgebung.

Juli–Sept

15–50

Wasser-Minze

Mentha aquatica
Lippenblütler

Merkmale: Wie alle Lippenblütler ist die Wasser-Minze an ihrem deutlich vierkantigen Stängel zu erkennen. Aber auch ohne dieses Merkmal ist sie unverkennbar. Ihre kleinen, hellvioletten Blüten sind in einer endständigen, kugeligen Scheinähre angeordnet, etwas tiefer am Stängel finden sich meist noch ein bis zwei achselständige Blüten-Scheinquirle. Die typischen Minzeblätter sind eiförmig bis elliptisch, am Rand gesägt, fein behaart und kurz gestielt. Sie stehen sich am Stängel kreuzweise gegenüber. Der Blütenstand selbst ist nicht durchblättert, die obere Ähre sitzt einigen Tragblättern auf. Durch Zerreiben der Blätter kann man am entstehenden Duft sehr deutlich erfahren, dass es sich um eine Minze handelt.
Vorkommen: An feuchten Dünenfüßen und im Übergangsbereich zwischen Dünen und Salzwiesen findet man in kleinen, Wasser führenden Rinnen die Wasser-Minze. Sie wächst auch auf staunassen Wiesen, an Bachufern und auf etwas sauren, schlammigen Böden. Sie ist kalkscheu, meidet also die vorderen Dünen.
Wissenswertes: Die Wasser-Minze ist neben der Grünen Minze (*M. spicata*) ein Elternteil der bekannten Pfeffer-Minze (*M. × piperita*). Die Pflanze enthält ätherische Öle, die auch die Ursache für ihren markanten Geruch sind. Sie kann in der Küche verwendet werden, sollte im Nationalpark aber nicht gepflückt werden, da sie dort verhältnismäßig selten ist und unter Schutz steht.

Juli–Okt 30–100

Augentrost

Euphrasia officinalis
Rachenblütler

Merkmale: Die Arten der Gattung *Euphrasia* sind nicht leicht voneinander zu unterscheiden. In Dünen und Salzwiesen kommt überwiegend diese Art, der Gewöhnliche Augentrost, vor. Als Rachenblütler hat er keine radiäre, sondern eine zweisymmetrisch aufgebaute Blüte. Die weißen Blütenblätter sind mit einem Netz feiner violetter Linien überzogen. Der Schlund fällt durch einen leuchtend gelben Fleck auf der Unterlippe auf. Der grüne Kelch und die begrannten Hochblätter sind nicht mit Drüsenhaaren besetzt wie bei manch anderem Augentrost. Der aufrechte Stängel trägt gegenständig angeordnete Blätter. Sie sitzen dem Stängel stiellos auf. Sie sind rundlich und besitzen an der Außenkante vier bis sechs deutliche Zähne. Durch zierliche Haare fühlen sich die Blätter weich an.

Vorkommen: Der Augentrost wächst auf den Wiesen der Grau- und Braundünen.

Wissenswertes: Als „kleinen Heudieb" bezeichnen ihn die Friesen, denn als Halbschmarotzer tut er sich an dem gütlich, was die Weidegräser mühsam dem Boden abgewinnen. Mit seinen Saugwurzeln zapft er ihr Leitgewebe an und entzieht den Pflanzen Nährstoffe. Der botanische Gattungsname *Euphrasia* lässt sich mit Frohsinn übersetzen, vermutlich weil das Pflänzchen, näher betrachtet, eine kleine Augenweide ist. Früher wie heute werden auch Augenleiden mit Augentrost behandelt, wodurch wohl der deutsche Name abzuleiten ist. Der einjährige Augentrost ist als alte Heilpflanze bekannt, er enthält Gerbstoffe und ätherische Öle.

Juli–Sept

10–30

Großer Klappertopf

Rhinantus angustifolius
Rachenblütler

Merkmale: Die gelben Blütenblätter des Klappertopfs bilden einen aufgeblasenen Rachen, in dessen Mitte die Staubgefäße und Griffel dunkelviolett leuchten. Seitliches Zusammendrücken des Blütenkelches eröffnet den Einblick in die Blütenröhre. Die spitzen Laubblätter stehen gegenständig dicht an einem stabilen und aufrechten, zweizeilig behaarten Stängel, sind teilweise ebenfalls behaart und ab und zu bei Salzformen rötlich überlaufen. Auf der Oberseite bilden die Blattnerven ein hübsches, regelmäßiges Muster.

Vorkommen: Im Frühsommer fällt der Klappertopf sofort ins Auge: Mit seinen hellgelben Blüten schmückt er weite Dünenhänge, Deiche, Wegränder, Salzwiesenbereiche, kurzum, er ist fast überall anzutreffen. An seinen Boden ist dieser Rachenblütler wenig anspruchsvoll. Sandiger Untergrund reicht ihm völlig, sogar gelegentliche nasse Füße durch Salzwasser verträgt er. Nur viel Licht braucht er. Daher ist er auch häufiger auf den kurzrasigen und den südlichen Seiten der Dünen anzutreffen.

Wissenswertes: Der Name des Klappertopfes lässt sich auf die zur Reife losen Samen zurückführen, die dann in der vertrockneten Blütenhülle im Wind oder beim Schütteln per Hand klappern. Wie zahlreiche Rachenblütler enthält auch der Klappertopf den Giftstoff Aucubin, der, mit Zucker verkocht, ganz umweltfreundlich gegen Fliegen und andere lästige Insekten hilft. Der Klappertopf ist eine einjährige Pflanze.

Mai–Aug | 30–60

Berg-Sandglöckchen

Jasione montana

Glockenblumengewächse

Merkmale: Die einzelnen blauen Blüten dieses Glockenblumengewächses entpuppen sich beim genauen Hinschauen tatsächlich als kleine Glöckchen, die in einem Köpfchen dicht zusammengezogen werden, um eine effektivere Bestäubung bei Insektenbesuchen zu ermöglichen. Die himmelblauen, zur Röhre zusammengewachsenen Blütenblätter werden von behaarten Kelchblättern umhüllt. Die Pflanze hat keine Ausläufer, sie wächst in kleinen Horsten auf trockenen und sonnigen Hängen. Ganzrandige Blätter zieren wechselständig einen aufsteigenden, dünnen Stängel, an dessen Ende das dichte Blütenköpfchen steht. An ihrer Spitze sind die Blätter oft wellig, sie sind abstehend rau behaart. Die geringe Wuchshöhe und der teilweise unter der Last der Blüten niedergedrückte Stängel führten zu dem Namen Sandknöpfchen, unter dem die Art in Ostfriesland auch bekannt ist.

Vorkommen: Das Berg-Sandglöckchen ist ein kleiner Exot in den Dünen. Mit ihren bläulichen Blütenköpfchen setzt diese Glockenblume im Hochsommer Farbakzente in den sonst durch gelbblühende Pflanzen geprägten Grau- und Braundünen. Als formenreiche Sammelart kommt sie auch auf Magerrasen im Binnenland weitab von der Küste vor. Sandboden ist ihr besonders wichtig.

Wissenswertes: Das Berg-Sandglöckchen gedeiht nur da, wo viel Licht das Wachstum fördert und die umgebende Vegetation keine Konkurrenz um das Licht bietet. So sind Magerrasen für sie das optimale Biotop. Durch Pflücken werden leider oft ganze Horste zerstört.

Juni–Aug

15–50

Echtes Labkraut

Galium verum
Rötegewächse

Merkmale: Labkräuter sind niedrige, ziemlich formenreiche, mehrjährige Pflanzen mit kriechendem bis aufsteigenden Stängeln. Ein deutliches Merkmal der zu den Rötegewächsen gehörenden Pflanzen sind die in gleichmäßigen Wirteln an den Knoten angeordneten Blätter, anhand derer sie sofort zu bestimmen sind. Die lanzettlichen Blätter des Echten Labkrauts sind mit einer kleinen Stachelspitze versehen und stehen zu acht bis zwölf in einem Quirl. Oberseits sind die Blätter dunkelgrün, unterseits mit einem dichten Pelz weicher Haare belegt. Die im Hochsommer erscheinenden winzigen Blüten sind leuchtend gelb. Sie duften angenehm und werden zahlreich zu dichtblütigen, endständigen Rispen vereinigt. Ihre vier Blütenblätter stehen sich jeweils direkt gegenüber.

Vorkommen: Innerhalb der Grau- und Braundünen ist das Echte Labkraut häufig an sonnigen, warmen und sandigen Standorten anzutreffen. Blüht es, sieht der Rasen aus wie mit gelben Schaumkronen belegt.

Wissenswertes: Neben Heilwirkungen ist diese Pflanze wegen ihres in dem Pflanzensaft enthaltenen Labferments (Name) bekannt. Dieses lässt Milch schneller gerinnen und wurde früher zur Käseherstellung verwendet. Griechische Hirten flochten feine Siebe aus den Zweigen und gossen die Milch hindurch. So nahm diese das Labferment auf und begann zu gerinnen. Extrakte aus dem Echten Labkraut werden heute zur Herstellung von Psychotherapeutika verwendet.

Juni–Sept | 30–100

Wiesen-Labkraut

Galium mollugo
Rötegewächse

Merkmale: Ein weiteres in den Dünen weitverbreitetes Labkraut ist das Wiesen-Labkraut. Von dem Echten Labkraut ist es durch seine weißen Blüten schnell zu unterscheiden. Auch hier sind die Blüten in allerdings sehr viel lockereren Rispen zusammengezogen. Die Blütenzipfel sind haarfein zugespitzt, deutlich erkennt man die orangegelben Staubgefäße. Die Blüten haben einen Durchmesser von etwa 3 bis 4 mm. Die sattgrünen Blätter sind etwas länger und spitzer. Sie stehen meist nur zu acht in einem Quirl. Der deutlich vierkantige Stängel wird durch ein Stützgewebe verstärkt. Trotzdem ist der Stängel recht schwach und niederliegend. Durch benachbarte Gräser wird das Wiesen-Labkraut teilweise aufrecht gehalten.

Vorkommen: Das Wiesen-Labkraut wird oft auf feuchteren Wiesen in den Dünen, an Wegrändern und in den süßeren Bereichen der oberen Salzwiese angetroffen. Es ist sehr häufig, häufiger als das Echte Labkraut.

Wissenswertes: Der Saft dieser Pflanze enthält ebenfalls das namengebende Labferment, welches von den Ostfriesen früher in mühsamer Arbeit aus den Pflanzen gewonnen wurde, um es für die Käseproduktion zu verwenden. Wenn es im Hochsommer blüht, sehen ganze Wiesen aus, als wären sie mit weißem Schaum bedeckt. Im Frühherbst erscheinen dann kleine, schwarzbraune, kugelige Früchte mit einer runzeligen Oberfläche. Sie werden gern von durchziehenden Singvögeln gefressen.

Juni–Sept | 30–100

Hundslattich

Leontodon saxatilis
Korbblütler

Merkmale: Der leuchtend gelbe Blütenstand des Hundslattichs (anderer Name: Nickender Löwenzahn) wird aus zahlreichen Zungenblüten gebildet, deren Pappus (eine Haarkrone, die der Fruchtknoten ausbildet) filigran gefiedert ist. Um das zu erkennen, benötigt man jedoch eine gute Lupe. Die Randblüten sind unterseits häufig leicht grau oder rötlich violett bereift. Die schmalen Laubblätter der Pflanze sind in einer Rosette am Boden angeordnet. Sie sind lineal-lanzettlich geformt, am Rand nur leicht gesägt und zerstreut behaart. Die aufrechten, blattlosen Stängel tragen am Ende je einen Blütenstand.
Vorkommen: Der Hundslattich ist ein kleiner auffälliger Korbblütler, den man oft auf nährstoffreichen Wiesen finden kann. So erscheinen seine Blüten zum Beispiel sehr zahlreich auf beweideten Deichen nach der Mahd im Spätsommer. Aber auch in den humusreicheren Gebieten der Braundünen ist er oft anzutreffen und buhlt dort mit den Habichtskräutern um die Insekten. Er zieht sich gern an den etwas feuchteren Dünenfuß zurück.
Wissenswertes: Der Pappus ist zur Samenreife für die Windverbreitung der Samen verantwortlich. Er ist das Gebilde, das den Löwenzahn zur Pusteblume werden lässt. Den Hundslattich findet man überwiegend in Norddeutschland, gern auf sandigen, trockenen Böden, aber auch in Ufernähe kleinerer Bäche. Sein wissenschaftlicher Name verweist auf die nahe Verwandtschaft zum bekannten Löwenzahn (lat. *leo* = Löwe, *dons* = Zahn).

Juli–Aug
5–50

Doldiges Habichtskraut

Hieracium umbellatum
Korbblütler

Merkmale: Viel später, im Juli, erscheinen die Blüten des Doldigen Habichtskrautes. Sein Name ergibt sich aus den doldig angeordneten Blütenständen, die einem verzweigten Stängel aufsitzen. Sie sind mitunter deutlich dunkler gelb gefärbt als die des Kleinen Habichtskrautes. Die Hüllblätter des Blütenstands sind an der Spitze zurückgebogen und tragen keine Drüsenhaare. Auch bei diesem Habichtskraut sind ausschließlich Zungenblüten in den Blütenkörbchen zu sehen. Der charakteristische Pappus wird ebenfalls deutlich ausgebildet und sorgt nach der Blüte für die Windverbreitung der Samen. Die Stängelblätter sind lineal-lanzettlich und sehr schmal. Die Pflanze ist durchgehend weniger stark bis gar nicht behaart.

Vorkommen: Durch seine größere Höhe kann das Dolden-Habichtskraut in Bereichen wachsen, die mit höheren Gräsern bewachsen sind. So kann es trotzdem seine Blütenköpfchen über deren Halme erheben und ist daher auch häufig noch im Übergangsbereich zwischen Grau- und Braundüne zu sehen. Es vermag auf Sandböden und auf humusreichen Böden zu gedeihen, ist anspruchslos und deshalb in den Dünen recht häufig anzutreffen.

Wissenswertes: Nach einem Märchen gab der Habicht seinen Namen für diese Art her, da er angeblich den Saft der Habichtskräuter trinkt. Dies soll ihm sein scharfes Sehvermögen eingebracht haben. Unbestreitbar ist dagegen die Heilwirkung der Habichtskräuter bei Atemwegserkrankungen.

Juli–Okt

10–70

Kleines Habichtskraut, Mäuseohr

Hieracium pilosella
Korbblütler

Merkmale: Leicht erkennbar an seinen leuchtend schwefelgelben Blütenständen ist das über und über silbrig behaarte Mausohr-Habichtskraut. Seine Blüten sind von Mai bis Oktober zu sehen. Oberseits sind die ganzrandigen und ungebuchteten Blätter leuchtend grün und anliegend behaart, unterseits silbrig und von einem dichten Pelz feiner Haare überzogen. Die Haare sind sehr zerbrechlich. Bei Trockenheit rollen sich die Blätter ein, so dass die Licht reflektierende Unterseite nach oben zeigt. So verringert die Pflanze den Wasserverlust durch natürliche Verdunstung über die Blätter. Der Blütenstand besteht nur aus Zungenblüten, deren Fruchtknoten einen weißlichen Haarkranz aufweisen. Die Pflänzchen bilden unterirdisch lange Ausläufer, so dass sie ganze Teppiche bilden können. Nach der Blüte weisen nur noch vertrocknende Laubblattrosetten auf ihre Existenz hin.

Vorkommen: Auf trockenen sonnigen Hängen häufig, nutzt das Mausohr den Vorteil einer niedrigen Vegetation und dominiert vor allem im Frühsommer die Magerrasen. Es ist in den Dünen weit verbreitet und verleiht der kargen Braundünenlandschaft ein paar charakteristische Farbtupfer.

Wissenswertes: Nach der Blüte werden die Samen durch den Wind verbreitet. Dabei hilft ihnen der Pappus, der einem Fallschirmchen gleich sich die Samen in den Wind erheben lässt. Seinen Namen erhielt das Mausohr von der Form seiner Blätter. Diese sehen Mäuseohren ähnlich.

Mai–Okt

8–30

Feld-Hainsimse

Luzula campestris
Binsengewächse

Merkmale: Die zierliche Feld-Hainsimse ist häufig, wird aber oft übersehen. Sie ist eine kleine Binse, die recht früh blüht. Ihre grasartigen Blätter sind am Rand behaart und werden bis zu 4 mm breit. An bis zu 20 cm hohen Stängeln sitzen die kleinen Blütendolden. Diese bestehen meist aus drei bis sechs dunkelbraunen Ährchen. Die sechs- bis zehnblütigen Ährchen sind alle fast gleichlang gestielt und können später bogig herunterhängen. Die Blütenblätter sind dunkel bräunlich. Im Kontrast dazu stechen die leuchtend cremefarbenen Staubbeutel zur Blütezeit hervor. Sie sind deutlich länger als die Staubfäden und hängen aus den Blüten heraus. Durch ihr Pendeln im Wind kann der Pollen schneller und effektiver abgegeben werden.

Vorkommen: Die Feld-Hainsimse scheut Bodenkalk, man findet sie daher häufiger in den älteren Dünenabschnitten, auf schwach feuchten oder trockenen, sonnenbeschienenen oder leicht sauren Magerrasen und Sandböden.

Wissenswertes: Die Pollenkörner sind mit Luftkammern versehen, die es dem Wind erleichtern, sie zu transportieren. Die kugeligen Früchte sind fast schwarz gefärbt. Die Hainsimse wird von den auf den Nordseeinseln lebenden Hasen wegen ihrer harten Stängel und Blätter geschätzt. Diese nutzen daran ihre ständig nachwachsenden Zähne ab. Die Insulaner nennen die Pflanze deshalb „Hasenbrot".

März–Mai 10–20

Schmalblättriges Wollgras

Eriophorum angustifolium
Sauergräser

Merkmale: Der stumpf dreikantige bis stielrunde, knotenlose Stängel des Wollgrases ist mit Mark angefüllt. Die schmalen Blätter setzen direkt an ihm an. Die 3 bis 4 mm breiten Blätter finden sich überwiegend im unteren Stängelbereich, ihre graugrünen, am Rand rauen Spreiten sind scharf rinnig gekielt und recht derb. Die oberste Blattscheide (der untere Blattteil, der den Stängel umgibt) ist oft aufgeblasen, die äußeren Blätter sind gelegentlich rot überlaufen. Die Ährchenstiele dagegen sind abgeplattet und zweikantig. Die Ährchen sind zu drei bis sechs in einer kleinen Dolde vereinigt, zuletzt überwiegend nickend. Die 2 cm langen Ährchen sind vielblütig, ihre Blüten selbst sind alle zwittrig und bilden neben drei Staubblättern einen dreinarbigen Griffel aus. Die den Fruchtknoten umgebenden Borsten verlängern sich nach der Blüte auf 3 bis 4 cm. Durch sie wird das Ährchen verdeckt und fällt als weißes Büschel ins Auge.

Vorkommen: Von weitem sind die strahlend weißen Haarschöpfe des Wollgrases schon zu sehen und weisen den Weg in moorige Bereiche innerhalb grundwassergetränkter Dünentäler. Das Wollgras wächst lockerrasig in leicht sauren, kalkfreien und feuchten Gebieten, gern in Flachmooren.

Wissenswertes: Die Haare sind eine Art Flugapparat und sorgen für eine Verbreitung der Samen durch den Wind. Die Wollgrasblüten wurden als Schmuckstücke verwendet, auch hat man früher Kissen und Decken mit den Haaren als Daunenersatz befüllt.

März–Apr | 20–70

Land-Reitgras

Calamagrostis epigejos
Süßgräser

Merkmale: Wird das Land-Reitgras durch Tritt und Beweidung nicht niedrig gehalten, kann es bis zu 150 cm hoch wachsen. Die eng stehende Rispe wird nur zur Blütezeit ein wenig geöffnet, sonst bleibt sie stark zusammengezogen. Ihre kleinen einblütigen Ährchen sind teilweise violett überlaufen, die Blüten werden von langen Deckspelzen eingeschlossen. Die stabile Granne überragt die Deckspelzen um gut ein Drittel ihrer Länge. Nach der Blüte verblassen die Ährchen zu einem gelben Farbton. Die gesamte Pflanze ist eher graugrün gefärbt, häufig sind jedoch noch trockene Halme vom Vorjahr vorhanden.

Vorkommen: Das Land-Reitgras verbreitet sich mit einem unterirdisch kriechenden Wurzelstock gern auf sandigen, oberflächlich trockenen, aber grundwasserfeuchten Böden. So ist sein Vorkommen in den Dünen zwar häufig, aber standörtlich begrenzt.

Wissenswertes: Das Land-Reitgras ist ein in sehr dichten Rasen wachsendes Gras. Daher ist es ein optimaler Dünenbefestiger in den jüngeren Braundünen. Es bildet trockene, flächige Rasen aus. Dort wo es vorkommt, erstickt es meist andere Pflanzen durch seinen dichten Wuchs. Je sandiger ein Boden ist, desto sicherer zeigt das Land-Reitgras erreichbares Stau- oder Grundwasser an. Durch Hybridisierung mit dem Gemeinen Strandhafer (*Ammophila arenaria*) entstand der robuste, sogenannte Baltische Strandhafer oder Baltische Helm (× *Calammophila baltica*, siehe Seite 39).

Mai–Aug

60–150

Weißes Straußgras

Agrostis stolonifera
Süßgräser

Merkmale: Das Weiße Straußgras unterscheidet sich von dem sehr ähnlichen **Rot-Straußgras** (*Agrostis capillaris*) durch ein mehr als doppelt so langes, spitz ausgezogenes Blatthäutchen (Ligula), das dort sitzt, wo das Blatt vom Stängel abknickt. Das Weiße Straußgras sendet oberirdisch kriechende Triebe aus und kann sich so ungeschlechtlich verbreiten. Die so entstehenden Rasen sind eher locker als dicht angelegt. Seine geknickten, gelblich grünen Blätter bleiben recht dünn und sind nur um 3 mm breit. Das Straußgras bildet eine zahlreich und fein verästelte, zierlich wirkende Ähre, die je nach Feuchte des Standortes zwischen 2 und 20 cm lang sein kann. Die sehr kleinen, violett überhauchten Ährchen enthalten jeweils nur eine Blüte. Zur Blütezeit ist die Rispe weit ausgebreitet, davor und danach ist sie stark zusammengezogen. Im Gegensatz zum Roten Straußgras sind beim Weißen Straußgras die Ährchen fein begrannt.

Vorkommen: Auf feuchteren Böden, die auch etwas salzhaltig sein dürfen, findet man die Art recht häufig. Das salzunempfindliche Gras wächst mit Vorliebe an feuchteren Stellen in den jüngeren Braun- und Graudünen, dort wo noch gelegentlich Salzeintrag vorhanden ist, und sei es nur durch salzigen Seewind.

Wissenswertes: In Primärdünen und an sandigen Stellen in kahlen Bereichen der Salzwiese entsendet das Weiße Straußgras seine oberirdischen Kriechsprosse, siedelt so schnell auf unbewachsenen Böden und legt diese fest.

Juni–Aug | 30–80

Draht-Schmiele

Deschampsia flexuosa
Süßgräser

Merkmale: Ein neueres Gras in den Braundünen ist die Geschlängelte Schmiele oder Draht-Schmiele. Die zwei dicht in einem Ährchen beieinander stehenden Blüten sind meist gänzlich violett überhaucht. Sie besitzen kurze, mit einer kleinen Granne versehene Deckspelzen. Die aufwärts gerichteten Rispenäste stehen weit ab und zeigen dagegen eine eher purpurne Färbung. Die Rispe ist vor und nach der Blüte eng zusammengezogen, während der Blüte jedoch weit geöffnet. Teilweise werden die Rispenäste durch das Gewicht der Blüten abwärts gebogen. Deutlich sind dann die wie Blumendraht geschlängelten Bereiche zu erkennen. Ein 2 mm langes Blatthäutchen kennzeichnet das Ende der die Halme umfassenden Blattscheiden. Der aufrechte Halm ist wenig beblättert, die graugrünen Blätter bilden vielmehr dichte, bodenständige Horste. Sie fühlen sich ein wenig ölig an.

Vorkommen: Diese anspruchslose, aber extrem kalkscheue Schmiele ist häufig auf trockenen und sehr alten Braundünenhängen zu finden.

Wissenswertes: Das hochwachsende Süßgras breitet sich in neuerer Zeit immer weiter in den älteren Braundünen aus. Seinen Namen erhielt es aufgrund der wie Blumendraht gewellten Ährchenstiele. Im Spätsommer ist es besonders auffällig, wenn sich an biegsamen, hohen Halmen die silbergrauen, reifen Ähren zeigen. Das robuste Gras wächst horstartig, ist weit verbreitet, bildet aber keine dichten Rasen aus. In den Dünen zeigt es leichte Bodenversauerung, magere und sehr trockene Böden an.

Juni–Aug

30–60

Silbergras

Corynephorus canescens
Süßgräser

Merkmale: Die blaugrünen, teilweise purpurnen Blätter und die scharf begrenzten Horste machen das Silbergras sehr leicht bestimmbar. Es wächst lockerrasig, die Lücken zwischen den Horsten sind fast immer mit verschiedenen dunkelgrünen, dicken Moospolstern bewachsen, in die oft graugrüne Flechten eingestreut sind. Die Ähren des Silbergrases werden recht früh ausgebildet, gelangen aber erst sehr spät im Sommer zur Blüte und Reife. Die Rispe ist silbergrau (Name), locker und fein verzweigt, aber nur zur Blütezeit geöffnet. Sie sitzt einem aufrechten, im oberen Bereich rauen, gelblichen Halm auf. Die zierlichen Ährchen sind mehrblütig und spitz begrannt. Die Granne ist zuweilen an der Spitze keulig verdickt. Auch im Winter sind die ausdauernden, dichten Horste durch ihre Färbung zu bestimmen. Das blaugrüne und rötliche Farbspiel wird von den zahlreichen, borstlich eingefalzten Blättern gebildet.

Vorkommen: Das Silbergras ist die Charakterart der südlichen, sonnenzugewandten Hänge der alternden Braundünen. Diese werden daher auch als Silbergrasfluren bezeichnet.

Wissenswertes: Silbergräser sind äußerst anspruchslos, durch ihr feines Wurzelwerk eignen sie sich hervorragend, um Flugsandböden festzulegen. In den alternden Braundünen schützt es bei durch natürlichen Nährstoffmangel zurückgehender Vegetation die Böden vor Ausblasung. Es ist nicht trittfest.

Juni–Aug | 15–50

Sand-Schillergras

Koeleria arenaria

Süßgräser

Merkmale: Erkennbar ist das Sand-Schillergras an seinem lockerrasigen, horstartigen Wuchs, seinen gelbgrünen Blättern und Halmen und vor allem an der leicht violett überhauchten, pyramidenförmigen Ähre. Die Grundachse des Schillergrases ist kriechend, nur die Ähren tragenden Halme wachsen aufrecht. Sie sind an der Basis ein wenig zwiebelartig verdickt. Die Blattscheiden sind auf der Oberseite leicht weiß und samtig behaart. Sie werden oft eingerollt, um die durch starke Sonneneinstrahlung hervorgerufene Verdunstung einzuschränken. An der Spitze sind die Blattscheiden scharf zugespitzt. Die Ähre ist dicht und ungeteilt, auch während der Blüte wirkt sie durch die kurzen Ährchenstiele wie zusammengezogen. Die Äste der zwei- bis dreiblütigen Ährchen sind kurz, die Ährchen selbst glänzen und schillern (Name) im Sonnenlicht silbrig bis grünlich violett.

Vorkommen: Das Sand-Schillergras ist ein kleines, besonderes Gras, denn es kommt in Deutschland nur auf den ostfriesischen Inseln und auf den festländischen Dünen bei Cuxhaven vor. An die Bodenqualität stellt es moderate Ansprüche, es wächst auf kalkhaltigen Sandböden genauso gern wie auf moorigen, sauren Torfböden.

Wissenswertes: Das Sand-Schillergras bevorzugt trockene Stellen in den Dünen, wo ihm viel Sonnenlicht zuteil wird. Es kann bestandsbildend sein, wächst aber eher lockerrasig als dicht. Es wurde zu Ehren des Mainzer Professors G. Koeler (1765–1807) benannt.

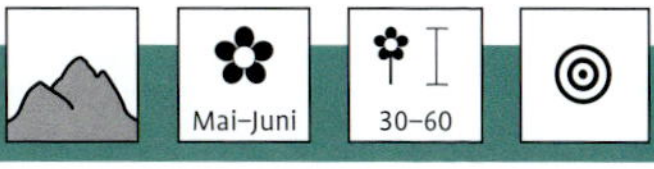

Wolliges Honiggras

Holcus lanatus

Süßgräser

Merkmale: Die Blattscheiden und Knoten dieses weitverbreiteten Grases sind dicht mit kurzen, weichen Haaren überzogen. Das gibt der ganzen Pflanze ein samtig-weiches Aussehen und macht sie leicht bestimmbar. Der bis zu einem Meter hohe, aufrechte Halm schmeckt süßlich (Name), trägt einige Blätter und an der Spitze eine dichte, walzliche Ähre. Die schwach aufgeblasenen Blattscheiden verfärben sich mit zunehmendem Alter leicht rötlich oder purpurn. Dadurch und an seiner robusten Gestalt ist das Gras recht schnell zu erkennen. Die Ähre ist ebenfalls weich behaart, während der Blütezeit im Hochsommer weit ausgebreitet, vor und nach der Blüte aber dicht zusammengezogen. Dann erscheint sie rötlich überhaucht. Die Ährchen sind um 4 mm lang, dick-oval und enthalten meist zwei leicht violette, kurzgestielte Blüten. Die weichhaarigen Hüllspelzen schließen das Ährchen komplett ein.

Vorkommen: Das Honiggras ist sehr häufig, eher aber auf Wiesen als in offenen Wäldern anzutreffen und auf den Inseln überwiegend im vom süßen Grundwasser geprägten, nahezu kalkfreien Übergangsbereich zwischen Dünen und Salzwiesen anzutreffen. Es bildet dort auf feuchten, leicht sauren Böden graugrüne Horste, die zuweilen bestandsbildend sein können.

Wissenswertes: Vom Kauen der Halme ist abzuraten (Pilzinfektionen!). Als Futtergras ist es mäßig ertragreich, da es auf Küstenweiden einfach weniger häufig anzutreffen ist.

Juni–Aug

30–100

Sand-Lieschgras

Phleum arenarium
Süßgräser

Merkmale: Zierlich und klein steht das Sand-Lieschgras zwischen Strandhaferpflanzen als typischer Vertreter der als Schillergrasrasen bezeichneten Pflanzengesellschaft in den Braundünen. Wer es erst einmal entdeckt hat, dem fällt es an seinen kleinen, eiförmig-walzlichen Scheinähren sofort auf. Dieser bis maximal 4 cm lange Blütenstand macht die Art unverkennbar. Leuchtend grün und zur Blütezeit durch die heraushängenden Staubblätter mit weißen Tupfen verziert, verblasst die ganze Graspflanze im Spätsommer und vertrocknet. Die allmählich zugespitzten Hüllspelzen der Blüten sind typisch für Lieschgräser, die des Sand-Lieschgrases besitzen eine kleine spitze Granne. Die nur bis zu 6 cm langen Blattspreiten sind lebhaft grün gefärbt, der Halm zeigt häufig einen purpurnen Farbton. In den trockenen Dünen erreicht das Gras selten Höhen über 15 cm, meist bleibt es kleiner und gedeiht versteckt zwischen höheren Gräsern.

Vorkommen: Seine Sonnenliebe und die Vorliebe für trockene Hänge zeigt sich besonders in den Braundünen. Wenn die höheren Schillergräser zurückgehen, bleibt das Sand-Lieschgras noch länger erhalten und leuchtet auf kargem, von Flechten bewachsenen Moosböden. Es zieht salzhaltige und kalkige Böden vor, daher kann man es auch oft in den von sterilem Strand-Hafer bewachsenen Weiß- und Graudünen finden.

Wissenswertes: Anders als bei den vorher vorgestellten Gräsern ist der Vegetationszyklus des Sand-Lieschgrases auf nur ein Jahr beschränkt.

Mai–Juli | 5–25

Ruchgras

Anthoxantum odoratum

Süßgräser

Merkmale: Das Ruchgras ist saftig dunkelgrün gefärbt, zeigt aber oft an den Kanten der Spelzen trockene, hautartige Ränder. Zur Blütezeit fallen seine leuchtend weißen Staubbeutel und Narben auf, die an verlängerten Filamenten aus den Blüten heraushängen. So kann der Pollen vom Wind besser verbreitet und vorbeifliegender Pollen effektiver aufgenommen werden. Die stark zusammengezogene Rispe wird nur zur Blüte etwas aufgelockert, ansonsten behält sie auch zur Reife ihre typische länglich-eiförmige Gestalt. Ihre grüne Farbe weicht dann einer goldgelben, wie sie auch von reifem Kulturgetreide bekannt ist. Die einblütigen, hellgrünen Ährchen sind bis zu 8 mm lang. Der aufrechte, unverzweigte Halm trägt längliche Blätter, deren Spreiten im unteren Bereich anliegend behaart sind. Sie sind 3 bis 5 mm breit.

Vorkommen: Dieses häufige Gras ist an Wegrändern in den Dünen zu finden. Da das Ruchgras nicht wählerisch ist, kann man es fast überall antreffen. Es bevorzugt trockenere, kalkfreie und leicht saure Böden, beschränkt sich daher auf die älteren Grau- und die Braundünen.

Wissenswertes: Das Ruchgras ist mit seiner frühen Blüte eines der ersten blühenden Gräser im Jahr. Es duftet nach Waldmeister. So leitet sich der Name vom Gewöhnlichen Ruchgras ab. Der Duft wird auch an das Heu weitergegeben, das dadurch seinen typischen Geruch erhält.

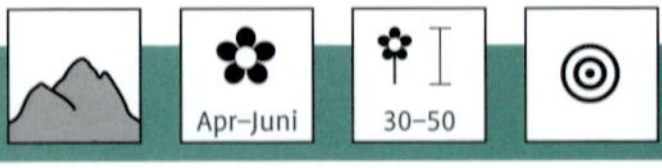

Borstgras

Nardus stricta

Süßgräser

Merkmale: Das Borstgras ist unverkennbar, allerdings ist es auch verhältnismäßig selten. Es wächst gern an feuchteren Stellen in den Dünen. Seine einseitswendige Ähre ist sein unverwechselbares Markenzeichen und hebt es von allen anderen Süßgräsern ab. Die entfernt stehenden, leicht violetten Ährchen enthalten jeweils nur eine Blüte, die von einer verkümmerten Hüllspelze eingeschlossen wird. Das Gras wächst in dichten, graugrünen Horsten, die von den vertrockneten Blättern des Vorjahres umgeben sind. Mit ihren dicken, unterirdischen Rhizomen können sie weite Bereiche rasch besiedeln und bilden so sehr dichte Rasen (Borstgrasmatten).

Vorkommen: In den Alpen ist das Borstgras auf Höhen in 1500 bis 2000 m häufig und bestandsbildend. Aber auch in den Küstendünen ist es stellenweise anzutreffen. Hier bevorzugt es feuchte, moorige Wiesen, man findet es also eher in Dünentälern und an den Nordhängen, überwiegend in den Braundünen.

Wissenswertes: Im Gegensatz zu vielen anderen Dünenpflanzen wird das Wachstum des Borstgrases durch Tritt und Beweidung begünstigt. Allerdings scheut es Kalk und Düngung. Es wird als Bodenfestiger, vor allem während und nach extensiver Beweidung in den Grau- und Braundünen geschätzt. Als Streu- und Futtergras ist es wenig geeignet. Die borstenförmig eingerollten Blätter sorgten wohl für die Namengebung. In Norddeutschland verschwindet das Borstgras leider immer mehr.

Mai–Juli

5–50

Sumpf-Stendelwurz

Epipactis palustris
Knabenkrautgewächse

Merkmale: Die für Orchideen typischen Blüten der Sumpf-Stendelwurz, auch schlicht Sumpfwurz genannt, sind filigran strukturiert und farblich sehr schön anzusehen. Die krausrandige weiße Lippe ist übersät mit feinen roten Adern. Sie trägt keinen Sporn, wirkt aber durch eine Einbuchtung von beiden Seiten her zweiteilig. In der Blütenmitte weist ein dunkelgelber Fleck den Insekten den Weg zum Nektar. Die nach vorne abstehenden weißen Blütenblätter werden oben und seitlich durch einen Kranz von grünlich roten äußeren Blütenblättern ergänzt. Die Blüten stehen in einer einseitswendigen Traube, die im oberen Bereich eines dunkelroten, stabilen Stängels stehen. Die Reifung der Blüten erfolgt nach und nach von unten nach oben. Die für Orchideen charakteristischen Blätter sind nicht netzförmig, sondern parallel geadert. Sie sitzen wirtelig übereinander angeordnet dem Stängel direkt auf, ihre längliche Form ist kennzeichnend.

Vorkommen: Diese hübsche Orchideenart ist nur selten anzutreffen. Man findet sie ausschließlich in moorigen Bereichen der Dünentäler.

Wissenswertes: Durch Zerstörung von Biotopen und durch steigende Grundwasserentnahme verursachte Trockenlegung von entsprechenden Biotopen ist die Echte Sumpfwurz im Küstengebiet sehr selten geworden. Häufig sind die Bestände inzwischen erloschen. In manchem Dünental oder Wiesenmoor ist sie dennoch anzutreffen. Orchideen sind einkeimblättrige Blütenpflanzen wie die Gräser und die Liliengewächse. Alle Orchideen sind streng geschützt.

Juni–Aug | 30–50

Geflecktes Knabenkraut

Dactylorhiza maculata
Knabenkrautgewächse

Merkmale: Die blasslila oder weißlichen Blüten des Gefleckten Knabenkrauts sind in einer anfangs pyramidenförmigen Ähre zusammengezogen. Der filigrane Aufbau der Blüten zeigt eine tief dreispaltige Lippe mit einem nach hinten gerichteten Sporn. Die seitlichen Blütenblätter stehen weit ab, unterscheiden sich in der Farbe aber nicht von dem sie umgebenden zweiten Kranz aus Blütenblättern. Der deutlich gedrehte Fruchtknoten wird von ebenso langen krautigen Hochblättern umgeben. Den schlanken Stängel umgeben wirtelig übereinander angeordnete schmale Laubblätter. Diese sind an der Spitze abgerundet. Ihre Nerven sind für Orchideen typisch parallel angeordnet. Die dunkelgrünen Spreiten sind übersät mit seitlich verbreiterten dunklen Flecken (Name).

Vorkommen: Das auffällig blühende Gefleckte Knabenkraut findet sich häufig auf feuchteren Dünenwiesen mit Grundwasseranschluss. Überwiegend auf Flachmoore, Magerrasen und Heiden beschränkt, kann das Gefleckte Knabenkraut auch in lichten Wäldern oder auf Kalkböden beobachtet werden. Meist tritt es lokal begrenzt auf, bildet dann aber größere Bestände.

Wissenswertes: Diese hübsche Orchidee ist selten und daher streng geschützt. Die bestäubenden Insekten werden beim Besuch der Blüten getäuscht, denn diese produzieren keinen Nektar, die Insekten suchen also vergeblich danach. Den buckeligen, geteilten Wurzelknollen verdanken die Orchideen oder Knabenkräuter ihren Namen: *orchis* ist lateinisch und bedeutet Hoden.

Mai–Aug | 10–35

Obere Salzwiesen

Knotiges Mastkraut

Sagina nodosa
Nelkengewächse

Merkmale: Mastkräuter sind sehr zierliche Pflanzen, die am Dünenfuß und in der Salzwiese zerstreut zu sehen sind. Die kleinen Nelkengewächse blühen weiß und sind gekennzeichnet durch Blüten mit je fünf Blüten- und fünf Kelchblättern. Das Knotige Mastkraut ist häufiger in der Salzwiese anzutreffen. Es besitzt einen filigranen Stängel, der mit kleinen, eiförmigen Blättchen besetzt ist. Die bis zu 10 mm langen Blütenblätter sind deutlich erkennbar, da die grünen Kelchblätter nur deren halbe Länge erreichen und durch sie verdeckt werden. Die Sprossachse ist zur Blütezeit niederliegend, wenn die Blüte nicht durch angrenzende Gräser aufrecht gehalten wird.
Vorkommen: Salzwiesen, Vordünen.
Wissenswertes: Das ähnliche **Strand-Mastkraut** (*S. maritima*) ist gewöhnlich etwas robuster und überwiegend auf dem Strand oder in den Dünen zu finden, jedoch sehr viel seltener. Die weißen Blütenblätter sind nicht so auffällig, da diese von den grünen Kelchblättern kapuzenförmig überzogen werden. Die Blüte ist mit maximal 10 mm Durchmesser kleiner. Die Stängelblätter sind linealisch und drei- bis viermal so lang wie die des Knotigen Mastkrauts. Im Gegensatz zu diesem wird der Stängel aufrecht gehalten. Insgesamt fleischigere Pflanzenteile zeigen die höhere Salzverträglichkeit an. Durch ihre zwergenhafte Größe werden Mastkräuter häufig übersehen. Beide Pflanzen werden, wie fast alle Nelken, durch spezielle Insekten bestäubt.

Mai–Juli 5–15

Kuckucks-Lichtnelke

Silene flos-cuculi
Nelkengewächse

Merkmale: An den tief vierspaltigen, fransig wirkenden, hellrosa gefärbten Blütenblättern kann diese Lichtnelke leicht erkannt werden. Die Blüten sind in einer lockeren Trugdolde angeordnet und werden häufig vom Wind zerzaust. Ein aufsteigender, bis 75 cm hoher Stängel trägt wirtelig leicht raue, rötlich-grüne Laubblätter. Die oberen sind eher lanzettlich geformt, während die unteren etwas breiter sind. Der dünne, stielrunde Stängel zeigt im Gegensatz zu anderen Lichtnelken an keiner Stelle Drüsen, die einen klebrigen Saft absondern. Die Kuckucks-Lichtnelke ist recht häufig, sie steht gern an Stellen, an denen das Grundwasser seinen höchsten Stand hat. An solchen Stellen kann sie bestandsbildend sein.

Vorkommen: Die Kuckucks-Lichtnelke ist nur mäßig salzverträglich und zeigt so die schon süßen Bereiche einer Salzwiese ziemlich genau an.

Wissenswertes: An feuchteren Stellen in den aussüßenden Bereichen der Salzwiesen sowie auf Wiesen und an feuchten Stellen in den Dünen zeigt die Kuckucks-Lichtnelke zeitgleich mit den ersten Rufen des Kuckucks ihre hübschen Blüten. Die lichtbedürftigen Nelken blühen bis spät in den Sommer hinein und verwöhnen mit ihrem leichten Duft. Sie enthalten Saponine, die in der Medizin verwendet werden. Saponine helfen Cholesterinpatienten, da sie mit dem Cholesterin große Molekülkomplexe bilden und so die Aufnahme des in der Nahrung enthaltenen Cholesterins im Darm verhindern.

Mai–Aug | 30–70

Strand-Grasnelke

Armeria maritima

Grasnelkengewächse

Merkmale: Die Strand-Grasnelke verziert ab Mai die obere Salzwiese (auch Heller genannt) über und über mit ihren rosa Blütenköpfchen. Zuvor zeigen sich nur die saftig grünen Blattrosetten, die wie Graspolster aussehen. Ihre grasartigen, leicht fleischigen Blätter wachsen in dichten Büscheln und können weite Bereiche des Hellers überziehen. Von Mai bis Oktober erscheinen die zart- bis dunkelrosa Blüten, die am Ende von etwa 15 cm langen, fein behaarten Stängeln stehen. Die Köpfchen bestehen aus bis zu 15 zierlichen Einzelblüten. Diese sind von bleichen Hüllblättern umgeben.

Vorkommen: Zu finden sind die Grasnelken überwiegend auf trockeneren, leicht salzigen, tonigen Sandböden, wie sie obere, aussüßende Hellerwiesen bieten. Dort kann sie auch bestandsbildend werden.

Wissenswertes: Ihr Name ist ein wenig irreführend. Die Grasnelke ist keine Nelke im eigentlichen Sinne, sie gehört zu den Bleiwurzgewächsen. Diese Bezeichnung leitet sich von der Tatsache ab, dass die Wurzeln, wenn sie ausgegraben werden, die Hände ähnlich wie Graphit bleigrau einfärben. Das sollte jedoch niemand ausprobieren, da die Grasnelke geschützt ist. Über Heilkräfte ist wenig bekannt. Die Art ist sehr formenreich und bis ins Hochgebirge verbreitet. Sie ist frosthart und wird auch als Zierpflanze gezogen.

Mai–Okt

5–20

Gänse-Fingerkraut

Potentilla anserina

Rosengewächse

Merkmale: Das Gänse-Fingerkraut ist an den goldgelben Blüten und seinen typisch unterbrochen gefiederten Blättern leicht erkennbar. Letztere können bis zu 20 cm lang werden. Ihre Unterseite ist von einem Pelz weißer Haare belegt. Oberseits sattgrün liegen sie auf der Wiese und entspringen einer niederliegenden, kriechenden, langen Sprossachse, die fast immer leuchtend rot gefärbt ist. Sie ist dünn und bildet in Abständen wieder Wurzeln, so dass sich das Gänse-Fingerkraut als guter Bodendecker eignet. Seine gelben Blütenblätter sind etwa doppelt so lang wie die Kelchblätter. Die Blüten stehen einzeln an eigenen Trieben, messen etwa 2 cm im Durchmesser und übersäen die Wiesen im Hochsommer mit gelben Tupfen.

Vorkommen: Das Gänse-Fingerkraut ist nahezu auf der gesamten Salzwiese verbreitet. Sogar bis an den Flutsaum oder am Strand, teilweise auch in den Dünen, ist es zu finden. Aber es ist nicht ausschließlich auf Salz angewiesen. Wichtig ist ein nährstoffreicher Boden. Daher ist dieses Rosengewächs auch auf Süßwiesen und Weiden anzutreffen.

Wissenswertes: Die über den Winter grün bleibenden Blätter dienen im späten Winter vor allem den zahlreich im Wattenmeer rastenden Gänsen als Nahrung. Ihr Pelz schützt sie gegen starke Sonne und die Kälte des Winters. Der Name Fingerkraut bezieht sich auf die handförmig gefingerten Blätter naher Verwandter des Gänse-Fingerkrautes.

Mai–Aug | 15–50

Dornige Hauhechel

Ononis spinosa
Schmetterlingsblütler

Merkmale: Die dunkelrosa Blüten der Dornigen Hauchechel, in ihrem Aufbau typisch für Schmetterlingsblütler, erscheinen früh im Sommer und sind bis in den Frühherbst zu sehen. Das dunkelgrüne Laub hebt sich gut von der restlichen Salzwiesenvegetation ab. Die behaarten Sprossachsen tragen dichtes Laub, so dass die Dornen schwer zu erkennen sind. Bis etwa einen halben Meter hoch können diese am Grunde verholzenden Zwergsträucher werden.
Vorkommen: Die Dornige Hauhechel wächst in der oberen Salzwiese sowie gern am salzbeeinflussten Dünenfuß. Gelegentlich trifft man sie auch auf salzigen Stellen von Wiesen im Binnenland.
Wissenswertes: Magisch mutet die Legende an, die sich um die Dornige Hauhechel rankt. Krieger, die sich während des Einflusses des Planeten Mars aus ihr ein Amulett gefertigt haben und es um den Hals trugen, galten als unverwundbar gegen jegliche Art von Eisenwaffen. Inzwischen weit verbreitet, wächst der Eselsdorn, wie die Art auch genannt wird, üppig in der oberen Salzwiese. Es ist nicht ratsam, in solchen Bereichen barfuß durch die Salzwiese zu gehen, da die bis zu 2 cm langen Dornen empfindliche Entzündungen hervorrufen können. Die erfolgreiche Ausbreitung der Hauhechel konnte erst geschehen, nachdem große Teile der Salzwiesen nicht mehr intensiv beweidet wurden. Ob die magischen Kräfte gewirkt haben, ist ungewiss, gewiss ist aber die medizinisch heilende Wirkung der Dornigen Hauhechel vor allem gegen Nieren- und Blasensteine. Sie ist eine der hübschesten Pflanzen der oberen Salzwiese.

Erdbeer-Klee

Trifolium fragiferum
Schmetterlingsblütler

Merkmale: Findet man in den Salzwiesen einen Klee mit rotem oder purpurnem Blütenstand, ist es sicher der Erdbeer-Klee. Dieser bevorzugt sumpfige, salzhaltige Böden. Sein Name leitet sich von seinen Fruchtständen ab, die in der Form einer Erdbeere ähneln. Die niederliegenden und kriechenden Stängel können an den Knoten wieder wurzeln. So kann sich die Pflanze vegetativ vermehren und bodendeckend ausbreiten. Die Blütenstände sehen etwas eiförmig aus, da die oberen Blüten leicht gestielt sind, während die unteren direkt auf der Sprossachse aufsitzen. Ihre Fahnen (obere Blütenblätter) sind hellrosa bis karminrot. Die Köpfchen des Erdbeer-Klees sitzen auf langen Stielen und bleiben auch nach der Blüte aufrecht, um die Fruchtstände und die Früchte über die Blätter zu erheben. Die obere, rötliche Hälfte des Blütenkelchs ist zur Fruchtreife trockenhäutig und stark aufgeblasen, was zu der charakteristischen Form der Fruchtstände führt. Die Laubblätter sind kleetypisch gefingert und dreizählig. Sie leuchten dunkelgrün und sitzen auf langen Stielen.
Vorkommen: In der oberen Salzwiese findet man den Erbeer-Klee überwiegend in offenen Bereichen mit weniger hoher Vegetation, denn die Pflanzen benötigen viel Licht.
Wissenswertes: Der Erdbeer-Klee blüht den ganzen Sommer über, zu einer Zeit, in der viele Hummeln unterwegs sind. In den windigen Salzwiesen sind sie die häufigsten blütenbestäubenden Insekten.

Juni–Sept
20–50

Wiesen-Wasserfenchel

Oenanthe lachenalii
Doldengewächse

Merkmale: Die Blüten des Wiesen-Wasserfenchels stehen in Dolden mit acht bis zwölf Strahlen, die ausschließlich männlichen Randblüten sind etwa 1,5 mm lang, die weißen Blütenblätter bis zur Mitte gespalten. Um dies zu erkennen, empfiehlt es sich, eine Lupe parat zu haben. Die zwittrigen Blüten in der Mitte sind sehr kurz bis gar nicht gestielt. An der Basis der Dolde stehen bis zu vier oder sechs Hüllblätter. Die Döldchen (das sind die vielen kleinen Dolden, deren Äste in den kleinen Blüten enden) erscheinen fast kugelig, die langgestielte Dolde selbst wirkt locker und geöffnet. Die Blätter wirken durch ihren einfach bis doppelt gefiederten Aufbau sehr filigran. Sie sitzen abwechselnd auf einem markhaltigen, grasgrünen Stängel. Seine feinen Rillen werden von einem Stützgewebe gebildet, das den Stängel stabilisiert. Dieser ist im Vergleich zu anderen Wasserfenchel-Arten recht dünn und zierlich. Ähnlich wirkt die Gesamterscheinung der Pflanze.

Vorkommen: Die zierlichen Doldenblütler kommen in sumpfigen Wiesen oder Gräben mit Salzwassereinfluss vor.

Wissenswertes: Die Blüten sondern einen weinähnlichen Duft ab. In seinem Inneren produziert der Wiesen-Wasserfenchel einen ätherischen Saft, der ihm seiner Würze wegen einen hohen Bekanntheitsgrad eingebracht hat. Die Pflanze wächst im Laufe des Sommers sehr hoch, bis die Blüten die umgebenden Schilfhalme überragen. Der doldige Aufbau erleichtert Insekten die Bestäubung. Der Wiesen-Wasserfenchel ist selten und daher streng geschützt.

Juli–Aug

50–150

Strand-Tausendgüldenkraut

Centaurium littorale

Enziangewächse

Merkmale: Die strahlend purpurnen Blüten des Strand-Tausendgüldenkrauts erscheinen ab Mitte Juli. Trotz seiner kräftig gefärbten Blüten wird es gern übersehen, denn es ist nur von sehr kleinem Wuchs und fällt zwischen den höheren Hellerblumen nicht so auf. Hinzu kommt, dass sich seine Blüten nur bei richtig starkem Sonnenschein ganz entfalten. Seine Zugehörigkeit zu den Enziangewächsen wird durch den Aufbau der Blüten belegt. Diese sind in mehreren Etagen in Doldenrispen angeordnet. Die verzweigten Stängel tragen linealische, leicht fleischig verdickte, jedoch nur wenige Blätter. Die meisten sind als bis 5 mm breite Blätter in einer bodenständigen Rosette angeordnet. Das Tausendgüldenkraut ist eine einjährige Pflanze, die teilweise auch weiße Blüten ausbilden kann.

Vorkommen: Die Art ist lokal selten, aber weit verbreitet in feuchten, salzbeeinflussten Stellen im Heller (ab dem Andelrasen aufwärts). Ebenso findet man es oft in windgeschützten Dünenbuchten.

Wissenswertes: Dass das Pflänzchen eine alte Heilpflanze ist, darauf verweist eine griechische Sage, die ihm seinen Namen gab. Der verwundete Zentaur Chiron soll durch das Kraut geheilt worden sein, daher der Gattungsname *Centaurium*. Dies wurde dann fälschlich als Hundertguldenkraut übersetzt (lat. *centum* = hundert, *aureus* = golden); im Volksmund wurde die Pflanze dann zu einem Tausendgüldenkraut „aufgewertet“.

Juli–Sept

5–20

Roter Zahntrost

Odontites vulgaris

Rachenblütler

Merkmale: Wie fast alle Hellerpflanzen blüht auch der Zahntrost erst recht spät im Jahr. Im Juli erscheinen die zart- bis dunkelrosa Blüten, die in langen ährigen Blütenständen dem Sonnenlicht entgegengestreckt werden. Jeder Blütenstand besteht meist aus mehr als 20 Blüten. Die Blütenblätter sind dunkelrot und filzig behaart, ihre inneren Blätter (der Rachen) häufig zartrosa. Oft sind die Staubblätter kürzer als die Blütenkrone. Der von der Basis an verzweigte Stängel ist dicht mit dunkel blaugrünen, leicht rötlich überlaufenen Blättern bedeckt, die sich kreuzweise gegenüberstehen.

Vorkommen: Die niedrige Pflanze versteckt sich gern in hohem Gras. Sie ist weit über die oberen und unteren Hellerbereiche verbreitet, gerne wächst sie auch an Wegrändern, wo dann ihre Triebe überhängen.

Wissenswertes: Wie manch andere Gattung zeigt auch der Zahntrost eine Differenzierung in saisonale, also jahreszeitlich unterschiedliche Rassen. Die in der Salzwiese überwiegende Salzform *pumilus* ist eine Herbstrasse. Seinen Namen erhielt das Pflänzchen schon sehr früh von Plinius. Dieser empfahl, gegen Zahnschmerzen einen Sud aus Zahntrost und Rotwein zu kochen und damit zu spülen. Jeder Zahnschmerz sollte so besiegt werden. Zahnmediziner fanden jedoch keine wirksamen Stoffe in den Pflanzen. Vermutlich wurde die schmerzstillende Wirkung durch den Alkohol erreicht. Der Wein wurde in Ostfriesland gern durch Korn ersetzt. Die Wirkung war ähnlich.

Juli–Sept

10–30

Küsten-Kamille

Tripleurospermum maritimum
Korbblütler

Merkmale: Sehr auffällig blüht im Hochsommer die Küsten-Kamille. Im Küstenraum sind die bis weit in den November hinein sichtbaren weiß-gelben Blütenköpfchen der Küsten-Kamille unverwechselbar. Gesäumt von einem Kranz flach ausgebreiteter, weißer Zungenblüten stehen im Inneren des Körbchens auf einem gewölbten Blütenboden zahlreiche goldgelbe Röhrenblüten dicht beieinander. Der Blütenboden ist, wenn man ihn aufbricht, mit Mark gefüllt. Die Körbchen messen je etwa 5 cm im Durchmesser. Sie stehen in einer lockeren Rispe auf einer niederliegenden bis aufsteigenden, vom Grund an verzweigtem Achse. Diese Achse ist in ihren unteren Bereichen oft rötlich überlaufen. Sie trägt filigrane, dunkelgrüne Blätter, die leicht fleischig verdickt und mehrteilig gefiedert sind. Die Küsten-Kamille riecht, wie viele ihrer Verwandten, zumindest schwach aromatisch.

Vorkommen: Die Küsten-Kamille ist auf sandigen Böden ein weitverbreiteter Korbblütler, sie kann aber auch an anderen, vom Salz beeinflussten Stellen vorkommen, an denen sie genug Nährstoffe erhält, so auch in Felsspalten, in Spülsäumen und auf den Salzwiesen. Sie benötigt lediglich ausreichend Stickstoff.

Wissenswertes: Die nahen Verwandten sind als alte Heilpflanzen bekannt. Auch heute werden Kamillenextrakte noch vielfach verwendet, vor allem in der Kosmetikindustrie. Neuerdings wird die Küsten-Kamille nicht mehr nur als Salzform der formenreichen **Geruchlosen Kamille** (*T. perforatum*) geführt, sondern stellt eine eigene Art dar.

Juli–Okt | 25–60

Rainfarn

Tanacetum vulgare
Korbblütler

Merkmale: Der Rainfarn gehört zu den Margariten, ihm fehlen lediglich die weißen oder rosafarbenen Zungenblüten, die bei den anderen Arten die Blütenköpfchen zieren. Sein langer Stängel trägt den zu einer Doldenrispe zusammengefassten Blütenstand. Die Fruchtknoten weisen keine Haarkrone auf, so dass die reifen Samen als schwarze Kügelchen auf den Körbchen sitzen bleiben. Die Laubblätter sind doppelt fiederspaltig, dunkelgrün, ihre Teilblättchen am Rand gesägt.

Vorkommen: Der bekannte Rainfarn ist ein auffälliger Vertreter des Übergangsbereiches zwischen Salzwiese und Dünen.

Wissenswertes: Seine runden Blütenköpfchen, die nur aus gelben Röhrenblüten bestehen, trugen ihm in Friesland den Beinamen „Soldatenknööp" ein. Ihr Aussehen erinnert an die goldenen Knöpfe an den blauen Uniformen der Marinesoldaten. In den kahlen Trieben werden ätherische Öle gebildet, die in der Medizin vielfach Verwendung fanden. Häufig gegen Würmer eingesetzt, trägt die von alters her bekannte Pflanze auch den Namen „Wurmkraut". Der deutsche Name ist von den Blättern ableitbar, die den Wedeln eines Farns ähneln, aber auch von seiner Verwendung, denn auch aus Farnwurzeln wurden erfolgreiche Mittel gegen Würmer gewonnen. Er ist jedoch irreführend, da es sich nicht um einen Farn handelt. Die ätherischen Öle, die im Gegensatz zu den geruchlosen Blüten einen würzigen Duft verbreiten, enthalten Thujon, das gut gegen Insekten wirkt.

Juli–Sept | 60–130

Schwarzes Kopfried

Schoenus nigricans
Sauergräser

Merkmale: Das Kopfried, ein Sauergras, ist an seinem unverwechselbaren Blütenstand, einem fünf- bis zehnblütigen Köpfchen, leicht zu erkennen. Die Spelzen sind dunkel schwarzbraun (lat. *nigricans* = schwärzlich) und liegen den Blüten fest an. Der Blütenstand wird von einem Tragblatt um mehr als das Doppelte überragt. Dieses setzt den Halm scheinbar geradlinig fort, daher erscheint die Ähre seitenständig. Die Blattscheiden der Laubblätter sind in ihrem unteren Bereich ebenfalls schwarzbraun, dieser Farbton geht dann abrupt in ein sattes Dunkelgrün über. Die zarten Blätter behalten lange ihre Farbe, im Folgejahr umgeben sie die Halme und die frischen grünen Blätter als Strohhülle. Die stielrunden, knotenlosen und markhaltigen Halme sind nur in ihrem unteren Drittel beblättert. Weit erheben sie die Köpfchen über die Wiese. Durch den graugrünen Farbeindruck mit den trockenen Vorjahresblättern und die schwarzbraunen Ähren ist es von weitem erkennbar.

Vorkommen: Die Pflanzen wachsen dicht horstartig und ausdauernd gern auf feuchten, leicht sauren oder kalkigen Böden. Da das Kopfried lichtbedürftig ist, findet man es auch auf Lichtungen, dann ist es bestandsbildend und verdrängt durch seinen dichten, kniehohen Polsterwuchs andere Pflanzenarten.

Wissenswertes: Das Kopfried ist ein sehr seltenes und in Deutschland fast ausschließlich auf die ostfriesischen Inseln beschränktes Sauergras. Es ist sehr selten und daher streng geschützt.

Juni–Juli

10–60

Strand-Segge

Carex extensa

Sauergräser

Merkmale: In Gräben und Grüppen (künstlich angelegte Entwässerungsgräben) auf den oberen Salzwiesen findet sich häufig eine mittelgroße, kopfige Segge, die Strand-Segge. An ihr fallen sofort die getrenntgeschlechtlichen Blütenstände auf: Im oberen, dünnen, hellbraunen Ährchen sind nur männliche Blüten vorhanden; die meist zwei bis vier unteren, kugeligen, hellgrünen Ährchen enthalten dagegen die weiblichen Blüten. Die Blüten erscheinen erst im Hochsommer. Zur Fruchtreife wirken die weiblichen dann gestachelt oder igelig, da die Früchte kleine Schnäbelchen ausbilden, die dann leicht abgespreizt werden. Die weiblichen Ährchen werden jeweils von einem Tragblatt begleitet. Die beiden unteren Tragblätter sind deutlich länger als der Blütenstand. Der Halm ist für Seggen typisch scharf dreikantig, markig und wie die stabilen Laubblätter gelblich bis graugrün. Die stechenden Blätter sind in der Mitte gefaltet. Sie sind maximal 2 mm breit und bedecken den Halm nur auf dem unteren Drittel seiner Länge.

Vorkommen: Strand-Seggen sind auf salzige Sümpfe beschränkt, die sehr feucht sind, gern auch an stehendem (Salz-)Wasser. Überwiegend findet man sie daher an Rinnen-, Priel- und Grüppenrändern in allen Bereichen der mittleren und oberen Salzwiesen. Der Name Strand-Segge ist daher ein wenig irreführend.

Wissenswertes: Die Pflanzen bilden keine unterirdischen Ausläufer wie die Sand-Segge (siehe Seite 34), formen somit auch selten dichte Rasen.

Juni–Aug | 10–20

Rot-Schwingel

Festuca rubra
Süßgräser

Merkmale: Der Rot-Schwingel ist ein dichte Rasen bildendes Süßgras mit rötlich-violett überhauchter Ähre (Name), das bestandsbildend die oberen Salzwiesenbereiche besiedelt. Die sehr dünnen, eingerollten (Durchmesser bis 0,7 mm) oder gefalteten Blätter sind sattgrün gefärbt. An Abruchkanten bildet dieses Gras charakteristische, dichte Polster aus, in der oberen Salzwiese wächst es flächendeckend. Die dünnen und im Wind hin und her schwingenden Halme haben dem Gras seinen Namen eingebracht. Die purpurnen, kurz begrannten (!) Ährchen sind etwa 10 mm lang, vier- bis sechsblütig und werden zur Blütezeit an schräg abstehenden Ästen in den Wind gehalten. Sonst bleibt die etwa 6 cm lange Rispe meist zusammengezogen. Zur Fruchtreife weicht die violette Färbung einer strohgelben.

Vorkommen: Der Rot-Schwingel ist das Charaktergras der oberen Salzwiese. Nach ihm ist auch die entsprechende Rotschwingelzone benannt.

Wissenswertes: Während der Blüte des Rot-Schwingels erscheint die obere Salzwiese wie ein purpunes Meer, in dem der Wind für eine ständige Wellenbewegung sorgt. Zu unterscheiden vom sehr ähnlichen Andel (*Puccinellia maritima*, siehe Seite 140) ist es durch den dichteren Wuchs, die filigraneren, satter grünen Blätter und vor allem den begrannten Hüllspelzen. Rot-Schwingel ist ein ertragreiches Futtergras. Es kommt deutschlandweit in zahlreichen Kleinarten und Rassen vor. Aus ihm wurden viele Kulturgräser (Rasen) gezüchtet.

Juni–Sept | 10–50

Schilf

Phragmites australis
Süßgräser

Merkmale: Schilf ist ein sehr robustes, großes und bekanntes Gras. Auf den sehr großen und stabilen, an der Basis bis zu 1 cm durchmessenden Halmen sitzen im Spätsommer bis zu 20 cm lange, dunkelviolette, lockere Ähren. Alle Ährenäste weisen in eine Richtung und sind im Wind drehbar. Die Rispe bleibt auch zur Blütezeit straff zusammengezogen. Die sieben- bis achtblütigen Ährchen sind etwa 10 mm lang und sitzen recht dicht an sehr langen, dünnen Stielen. Die derben Laubblätter haben graugrüne, bis zu 2 cm breite Spreiten.

Vorkommen: Das Schilf bewächst als Charakterart die oberen, nahezu ausgesüßten Bereiche der Salzwiesen, in denen schon ein hoher Grundwasserstand zu erwarten ist. Auch durch Süßwasser geflutete Stellen (Teiche, Fließgewässer) sind gern angenommene Biotope. Es liebt nährstoffreiche, nasse Schlammböden, durch die sich von der Grundachse gebildete Ausläufer meterweit ziehen. Sie lassen das Gras ausgedehnte Rasen (Schilfrohrbestände) bilden.

Wissenswertes: Schilf ist ein sehr häufiges Gras, das kommerziell genutzt und dafür auch angepflanzt wird. Mit seinen getrockneten Halmen werden die typisch friesischen Reetdächer gedeckt. Es wird auch zur Zellulosegewinnung eingesetzt. Seine dichten Rasen bieten zahlreichen bodenbrütenden Greifvögeln wie Korn- und Rohrweihen oder Sumpfohreulen ideale, geschützte Nistplätze. Daher liegen auch weite Schilfbereiche in der Ruhezone der Nationalparke.

Juli–Sept | 120–200

Untere Salzwiesen und Verlandungszonen

Salz-Schuppenmiere

Spergularia salina
Nelkengewächse

Merkmale: Die Salz-Schuppenmiere ist ein zumeist einjähriges, zierliches Pflänzchen, das auf dicklichen, niederliegenden Stängeln schmale, spitze, aber dennoch dickfleischige Blättchen trägt. Sobald die Sonne scheint, öffnet sie ihre violett-weißen, sternförmigen Blüten und präsentiert sie den zahlreichen Taginsekten, die für seine Bestäubung sorgen. Die Kelchblätter sind drüsig behaart.

Vorkommen: Der Bereich zwischen Quellerwatt und Andelrasen ist die Heimat der Salz-Schuppenmiere. Sie verbreitet sich sehr gern auf offenen Salz-Schlickböden. Hier können die Pflänzchen teilweise bestandsbildend werden. Man findet die Salz-Schuppenmiere auch auf salzbeeinflussten Ruderalstellen, in den Fugen auf Deckwerken und aufgelassenen Hafenanlagen mit ausreichend Salzwassereinfluss und Sonnenlicht. Ihr niederer Wuchs kommt ihr dabei zugute und lässt sie auch starke Winde aushalten.

Wissenswertes: Die Blüten der Salz-Schuppenmiere oder des Salz-Spärklings, wie sie auch bezeichnet wird, sprechen nur Insekten an, die sich durch ihre Augen leiten lassen, denn die Blüten verströmen keinen Duft. Als Sukkulenten (Pflanzen, die Wasser speichern) sind sie an die harten Bedingungen in der unteren Salzwiese hervorragend angepasst. Im späten Herbst werden sie oft von den ersten Sturmfluten ausgerissen, die eingekapselten Samen werden von der See nach und nach wieder an Land geworfen, wo sie dann im Frühjahr erneut auskeimen und eine neue Generation aufbauen können.

Mai–Sept | 5–10

Stielfrüchtige Salzmelde

Atriplex pedunculata
Gänsefußgewächse

Merkmale: Ähnlich der anschließend beschriebenen Strand-Salzmelde ist die Stielfrüchtige Salzmelde eine sukkulente (wasserspeichernde) Pflanze der unteren, von der Tide beeinflussten Salzwiese. Ihr Erscheinungsbild unterscheidet sich hauptsächlich dadurch von ihrer Schwester, dass die Pflanze in allen Teilen krautig bleibt, die Stängel verholzen also nicht. Sie ist eine einjährige Pflanze von geringerer Wuchshöhe, blüht allerdings sehr viel länger im Jahr als die Strand-Salzmelde. Ihre unscheinbaren schwefelgelben Blütenknäuel sind bis in den Oktober hinein zu sehen. Namengebendes Unterscheidungsmerkmal sind die an langen Stielen stehenden Früchte, deren mittlerer Lappen nur eine kleine verkümmerte Spitze ist. Sie sind meist cremefarben bis weißlich gefärbt und leuchten auffällig aus der eher grau- bis sattgrünen Umgebung. Die leicht pelzigen und dadurch graugrün erscheinenden Blätter sind eher wechselständig als gegenständig an den Trieben angeordnet.

Vorkommen: Die Stielfrüchtige Salzmelde wächst zerstreut zwischen der Strand-Salzmelde, häufiger jedoch entdeckt man sie auf lichten oder kahlen Stellen in der Andelzone, wo ihr genügend Sonnenlicht zur Verfügung steht und sie nicht befürchten muss, von ihrer robusteren Schwester überwuchert zu werden.

Wissenswertes: Die Stielfrüchtige Salzmelde ist sehr selten und steht daher unter strengem Schutz. Wenige Exemplare sind auf einigen Inseln bekannt, darunter Langeoog.

Juli–Okt | 30–50

Strand-Salzmelde

Atriplex portulacoides
Gänsefußgewächse

Merkmale: Die auch Portulak-Salzmelde oder Keilmelde genannte Art ist sozusagen ein Mini-Baum, der die Salzwiese bei ausbleibender Beweidung bestandsbildend in Beschlag nimmt. Ihre an der Basis verholzenden Triebe können allerdings nur bis etwa 100 cm lang werden. Die bogig aufsteigenden, stark verzweigten Achsen tragen dicht pelzig behaarte, länglich ovale Blätter. Durch den Haarpelz wirken diese graugrün. Sie sind ziemlich derb. Sie sind essbar, schmecken aber ihrem Standort in der unteren Salzwiese entsprechend salzig. Die unscheinbaren, schwefelgelben Blüten der Strand-Salzmelde stehen in kleinen Trauben geknäuelt am Ende längerer Triebe. Ihre Früchte sind im Gegensatz zur Stielfrüchtigen Salzmelde ungestielt und dreilappig, wobei die Lappen alle etwa gleich groß sind.

Vorkommen: Bevorzugt an Prielrändern wachsend, dehnt sich die mehrjährige Strand-Salzmelde weit in die Beifußwiesen aus. Sie liebt regelmäßig von Salzwasser überflutete Schlickböden, die sie mit ihren kräftigen Wurzeln weit durchzieht.

Wissenswertes: Das überschüssige Salz wird in die Härchen der Blätter verlagert, die dann nach und nach abgestoßen werden. Durch ihren dichten Wuchs bietet die Stand-Salzmelde Vögeln wie Hohltauben und Brandgänsen, die eigentlich in Höhlen brüten würden, Unterschlupf, Schutz und Nistmöglichkeiten. Ihr ausladender und dichter Wuchs verhindert großflächig die Ansiedlung anderer Pflanzen(-gesellschaften), so lange die Bodenverhältnisse sich nicht ändern.

Juli–Aug 30–100

Strand-Melde

Atriplex littoralis
Gänsefußgewächse

Merkmale: Die Strand-Melde hat im Gegensatz zur Spieß-Melde durchweg schmale, lineal-lanzettliche Blätter, die teilweise scharf gezähnt sein können. Diese zeigen nie die für die Spieß-Melde charakteristischen Spießecken an der Blattbasis. Die unscheinbaren Blüten erscheinen im Hochsommer in knäueligen, weit entfernt stehenden Trauben an steif aufrechten, rutenförmigen Ästen. Wie die Blätter sind auch sie oft leuchtend rötlich oder purpurn überhaucht. Die graugrünen Blätter zeigen keine deutlichen Seitennerven und sind sehr schmal. Die ganze Pflanze ist weniger stark mehlig bestäubt als die Spieß-Melde. Die eingeschlechtlichen Blüten bilden zur Fruchtzeit zahlreiche Samen. Sie werden von einer dreieckigen Fruchthülle aus deutlich scharf gezähnten Vorblättern umschlossen.

Vorkommen: Die etwa 80 cm hohen Triebe gedeihen an sandigen oder steinigen Ruderalstellen am Strand. Wie alle Melden ist auch die Strand-Melde ein Salzliebhaber. Gern nutzt diese einjährige Pflanze das kurzfristige Nährstoffangebot durch angespültes Material in den Spülsäumen an Salzwiesen- und Prielkanten.

Wissenswertes: Die Verbreitung der Art sichern feinste Samen, die von Wasser und Wind transportiert werden. Oft sind mehrere Melden-Arten in der Spülsaumzone vergesellschaftet, so dass ein direkter Vergleich vor allem der Blätter die Bestimmung erleichtert. Melden sind seit der Steinzeit bekannt, ihre ursprüngliche Heimat ist das mittelamerikanische Festland.

Juli–Sept | 30–80

Spießblättrige Melde

Atriplex prostrata
Gänsefußgewächse

Merkmale: Die Spießblättrige Melde oder Spieß-Melde ist ein sehr formenreiches, einjähriges Gänsefußgewächs mit kennzeichnend dreieckig-spießförmigen Grundblättern. Die oberen Blätter sind lineal-lanzettlich geformt und weit gebuchtet gezähnt. Ein kräftiger, wenig verzweigter Stängel trägt an seinem oberen Ende zahlreiche in Knäueln angeordnete, eingeschlechtliche Blüten. Diese werden von zwei dreieckigen, weit gezähnten Vorblättern umgeben, die zur Fruchtreife die Samen in rhombischer Form umschließen. Der Stängel und die Äste sind deutlich gerieft, die Blätter setzen wechselständig an. Die ganze Pflanze ist weiß mehlig bestäubt.

Vorkommen: Melden bevölkern als recht ursprüngliche Pflanzen Ruderalflächen, Sandböden und Schuttstellen. Die Spieß-Melde ist an unseren Küsten und auf den Inseln häufig anzutreffen, da sie salzige Stellen bevorzugt. Sie wächst vorwiegend auf Schlickböden und an den Rändern schlickiger, aber nur selten gefluteter Priele.

Wissenswertes: Ihre Blüten erscheinen erst im späten Hochsommer. Die im frühen Herbst ausgebildeten Früchte sind ein willkommenes Zubrot im Speiseplan vieler Zugvögel. Besonders Hänflinge und Finken fallen scharenweise über die reifen Früchte her. Der Name Melde leitet sich von dem mittelhochdeutschen Ausdruck „melta“ ab, was „mit Mehl bestäubt“ bedeutet. Melden sind formenreiche Pflanzen, deren genaue Verwandtschaftsverhältnisse noch ungeklärt sind.

Juni–Sept | 30–80

Queller

Salicornia europaea
Gänsefußgewächse

Merkmale: Der Queller ist extrem an seinen Standort angepasst. Seine kleinen, zunächst grünen, im Spätsommer dunkelroten Stämmchen sind fleischig verdickt und charakteristisch armleuchterartig verzweigt. Die Laubblätter sind bis auf kleine Schuppen reduziert, um die Verdunstungsoberfläche zu verringern. Die unscheinbaren weißen Blüten erscheinen sehr spät im Jahr, erst im August. Sie sitzen in der Achsel eines winzigen Tragblattes direkt an den dunkelgrünen Achsen.
Vorkommen: Wie ein kleiner Kaktus steht er aufrecht an schlickigen Stellen im Watt und in der Salzwiese, die nicht ständig überflutet sind, wo der Salzgehalt aber für fast alle anderen Pflanzen zu hoch ist. Der Queller kann ausgedehnte Bestände bilden.
Wissenswertes: Der Queller nimmt aus dem Boden große Salzmengen auf. Da er keine Möglichkeit besitzt, das Salz wieder abzugeben, häuft er es in seinem Gewebe an. Der hohe Salzgehalt lässt Wasser einströmen. Dadurch wird die schädliche Wirkung hinausgezögert und die Pflänzchen quellen auf. Der einjährige Queller wird unter Wasser durch Schwimmpollen bestäubt. Spät im Jahr, wenn die Salzkonzentration in seinem Pflanzenkörper zu hoch ist, werden die Chlorophylle (grüne Blattfarbstoffe) allmählich zerstört. Die welkenden Pflanzen geben der unteren Salzwiese ein leuchtend dunkelrotes Aussehen. Durch die Bildung dichter Rasen ist der Queller ein wichtiger Verlandungspionier. Es gibt mehrere schwer unterscheidbare Kleinarten (*S. stricta*, *S. ramossisima*, *S. decumbens*).

Aug–Sept | 10–40

Strand-Sode
Suaeda maritima
Gänsefußgewächse

Merkmale: Die Strand-Sode ist eine kleine, formenreiche Salzpflanze, die an ihren dickfleischigen Stängeln und Blättern leicht zu erkennen ist. Die niedrigen, meist unverzweigten, im Spätsommer schon rot überlaufenen Stängel tragen zahlreiche schmal-linealische Blätter, die erst eine blaugrüne Färbung aufweisen und sich zum Spätsommer ebenfalls leuchtend rot verfärben. Sie sind etwa 10 mm lang und haben eine stumpfe Spitze. Die unscheinbar winzigen, gelblichen Blüten erscheinen erst spät im Sommer. Sie stehen zu zweit oder dritt in Blattachseln höherer Triebe, ihre Tragblätter sind deutlich länger als die Blütenknäuel.

Vorkommen: Überwiegend auf schlickigen Böden in der Verlandungszone, auf kahlen Stellen in der Salzwiese und an Prielrändern.

Wissenswertes: Die Strand-Sode, auch Salz-Sode genannt, ist eine einjährige Pflanze, die ihren Salzhaushalt steuert, indem sie das Salz fast ungemindert aufnimmt und in ihrem Gewebe anreichert. Der Salzgehalt nimmt in einer bestimmten Konzentration eine giftige Wirkung an und verurteilt die Pflänzchen zum Sterben. Die Chlorophylle (grüne Blattfarbstoffe) werden zuerst zerstört, so dass sich die gesamten Pflanzen allmählich leuchtend rot färben. Zuvor blühen sie jedoch. Als Anpassung an ihren teilweise sehr windigen Standort sind ihre Pollen sehr leicht, so dass sie vom Wind weiter getragen werden können. Die schwimmfähigen Samen geben die Pflänzchen an das Meerwasser ab und sichern so ihr Überleben im nächsten Jahr.

Juli–Sept | 7–30

Strandflieder

Limonium vulgare
Grasnelkengewächse

Merkmale: Die neben dem Queller wohl bekannteste Salzwiesenpflanze ist der Strandflieder. Die zahlreichen kleinen, blauvioletten Blüten sind an wenig verzweigten Achsen schraubig angeordnet, die sich nach allen Seiten leicht überbeugen. So entsteht eine Blütenrispe, die früher gern von Wanderern gepflückt wurde, was den Bestand nahe an den Rand der Ausrottung brachte. Die gelblich grünen, derben, länglichen Blätter besitzen auf der Unterseite aktive Salzdrüsen, an denen überschüssiges Salz ausgeschieden wird. An schönen Sommertagen glitzern auf der Unterseite die Salzkristalle in der Sonne. Gern kann die Prüfung mit Daumen und Zunge gemacht werden. Die grundständige Blattrosette überdauert den Winter und dient zahlreichen überwinternden Gänsen im Spätwinter als Kraftfutter.

Vorkommen: Der Bestand ist auf die Salzwiesenregionen zwischen Andelrasen und Strandnelkenwiesen beschränkt.

Wissenswertes: Zahlreiche Namen wie Strandnelke, Wattflieder, Bundesstave oder Widerstoß gaben die Friesen dieser hübschen Pflanze, die mit ihren Blütenrispen die Salzwiesen im Spätsommer in ein violettes Blütenmeer verwandelt. Durch konsequenten Schutz und hart geahndetes illegales Pflücken konnte sich der Bestand wieder erholen. Die wissenschaftliche Familienbezeichnung (Bleiwurzgewächse) verweist auf die Wurzeln, die die Hände bleigrau einfärben. Der Wattflieder steht unter strengstem Schutz.

Aug–Sept

15–50

Milchkraut

Glaux maritima
Primelgewächse

Merkmale: Als einzige kleine Primel an der Küste bildet das Milchkraut den ganzen Sommer über seine winzigen, rot-weißen Blütenkelche. Sie erscheinen früh im Jahr und locken bis spät in den August hinein Hummeln an. Seine bis 3 cm aufsteigenden, meist aber kriechenden Stängel sind mit zahlreichen, sich kreuzweise gegenüberstehenden, spitzovalen Blättchen bedeckt. Sie sind fleischig und regelmäßig in vier Längsreihen angeordnet. Sie schützen sich vor den lebensfeindlichen Einflüssen ihres Standorts durch eine dicke Wachsschicht, die Kutikula. Die ziemlich kleinen Blüten (Durchmesser 4 mm) sitzen in den Blattachseln. Ihnen fehlen die Kronblätter (Blütenblätter), dafür sind die Kelchblätter farbig ausgestaltet.
Vorkommen: Das Milchkraut ist ein sehr kleiner Überlebenskünstler, den man auf versandenden Salzwiesen, an kahlen Stellen der unteren Salzwiese, aber auch in salzigen Trittgesellschaften häufig findet.
Wissenswertes: In dem fleischigen Blattgewebe können die Pflanzen Wasser speichern. Die Speicherung des Wassers erfolgt, um die Konzentration des aufgenommenen Salzes auf einem erträglichen Niveau zu halten. Das Milchkraut kann mit ausgedehnten dunkelgrünen Teppichen ganze Abschnitte der Salzwiesen von der Quellerzone bis zum Andelrasen überziehen, da es hier kaum konkurrierende Pflanzen zu befürchten hat. Sein deutscher Name beruht auf dem Aberglauben, dass Kühe (und Frauen) nach dem Verzehr von Milchkraut mehr Milch geben.

Mai–Aug
5–15

Strand-Wegerich

Plantago maritima

Wegerichgewächse

Merkmale: An seinen goldgelben Staubblättern ist der Strand-Wegerich sehr gut von anderen Wegericharten zu unterscheiden. Er ist ein mehrjähriger Vertreter der unteren Salzwiese. Seine sehr schmalen, dicklichen Blätter sind in einer grundständigen, dichten Blattrosette zusammengefasst. Ihr fleischiges Gewebe und ihre derbe Oberfläche sind eine Anpassung an salzhaltige Standorte. Die stielrunden Stängel tragen kolbenförmige Blütenstände, die einige Zentimeter lang werden können. Die unscheinbar braungrünen Blüten entwickeln ab dem Hochsommer ihre charakteristisch hervorspringenden Staubblätter. Sie ziehen sich ringförmig um den Blütenstand. Dieser Ring klettert mit Aufblühen der oberen und Verblühen der unteren Blüten nach und nach den Blütenstand empor.

Vorkommen: Der Strand-Wegerich ist im Gegensatz zu seinen festländischen Verwandten nicht oder nur wenig auf Trittgesellschaften beschränkt. Vielmehr wächst er gern in der unteren Salzwiese an Prielrändern und auf feuchten, tiefer gelegenen Stellen. Er ist außerdem auf das Salz für seinen Stoffwechsel angewiesen.

Wissenswertes: Die Samen sind zur Reife von einer Gallerthülle umgeben, mit der sie im Fell oder Gefieder vorbeistreichender Tiere oder unter den Schuhsohlen des Menschen haften bleiben und so verbreitet werden. Die Form seiner Blütenstände trug ihm im ostfriesischen Volksmund den Namen „Röttsteert“ (Rattenschwanz) ein.

Juli–Okt | 5–20

Strand-Aster

Aster tripolium
Korbblütler

Merkmale: Die Strand-Aster ist eine der auffälligsten Pflanzen der unteren Salzwiesen. Bis weit in den Herbst hinein verziert sie den unteren Heller. Sie ist eine sehr robuste, bis etwa 70 cm hohe Pflanze, die auf einen höheren Salzgehalt des Bodens angewiesen ist. Ihre dicken, ungeteilten und glänzenden Blätter weisen wie auch der aufrechte, leicht fleischige Stängel darauf hin. Er verzweigt sich erst in den oberen Bereichen und bildet zahlreiche Blütenköpfchen aus. Die randständigen Zungenblüten sind blassviolett bis hellblau gefärbt, etwa 10 mm lang und können hin und wieder fehlen. Sie umgeben die goldgelben Röhrenblüten, die dichtgedrängt auf einem leicht gewölbten Blütenboden stehen.

Vorkommen: Strand-Astern findet man zuhauf an Prielrändern und auf dem unteren Heller, wo sie meist bestandsbildend sehr dicht wachsen.

Wissenswertes: Zur Fruchtreife werden langhaarige Samen gebildet, die dann vom Wind verbreitet werden. Sie keimen ausschließlich dort, wo genügend Salz im Boden vorhanden ist. Das von den Pflanzen im Überschuss aufgenommene Salz wird in die unteren Stängelblätter verlagert, die dann schnell welken und abgestoßen werden. Trotz der vermeintlichen Fülle stehen Strand-Astern unter Schutz. Von der Strand-Aster gibt es mehrere Formen, die zeitlich getrennt im Jahr aufblühen. Sie werden an der Anzahl Zungenblüten (0–120) unterscheiden.

Juni–Okt
20–70

Strand-Beifuß

Artemisia maritima
Korbblütler

Merkmale: Die Pflanzen sind leicht an ihrer weißlich-grünen Färbung und an ihrem typischen Duft zu erkennen, den sie im Spätsommer verströmen. Der Strand-Wermut, wie er auch genannt wird, ist mehrjährig und formenreich weit in den Salzwiesen verbreitet. Ihr aufrechter, stark verzweigter Stängel kann in den unteren Teilen verholzen. Die mehrfach gefiederten Blätter mit ihren kurzen Zipfeln sind dicklich und rundlich, stumpf und dicht weißfilzig behaart. Die unscheinbaren Blütenköpfchen erscheinen sehr spät im Jahr, meist erst im September. Sie bestehen nur aus Röhrenblüten. Die Randblüten sind zwittrig. Sie alle sind goldgelb, das längliche Köpfchen wirkt jedoch durch umgeschlagene Tragblätter grünlich gelb. Alle Pflanzenteile, besonders die Blätter, riechen beim Zerreiben stark aromatisch.

Vorkommen: Den Strand-Beifuß findet man meist vergesellschaftet mit Strandfliederhorsten in den unteren Bereichen der Salzwiesen.

Wissenswertes: Die weißliche Färbung der Blätter rührt von zahlreichen Härchen her, die die Pflanze über und über bedecken. Sie dienen der Salzentsorgung und werden abgestoßen, wenn genügend Salz eingelagert wurde. Der Strand-Beifuß erfrischt die blanken Füße beim Wandern in der Salzwiese und hilft zuverlässig gegen Motten im Kleiderschrank. Seine aromatischen Öle reichen jedoch nicht für eine Verwendung als Gewürz oder als Getränkegrundstoff. Er ist eine alte Heilpflanze.

Juli–Okt | 30–60

Strand-Dreizack

Triglochin maritimum
Blumenbinsengewächse

Merkmale: Die hellgrünen Blätter sind sehr schmal, lanzettlich und gekielt. Sie gruppieren sich in einer bodenständigen Rosette um die blütentragenden Stängel. Durch den dichten Wuchs der Horste wirkt der Strand-Dreizack bisweilen rasenbildend, die Pflanzen haben jedoch trotz ihrer Mehrjährigkeit keine Ausläufer. Die Blüten stehen dicht in langen, schlanken Blütenständen, die denen des Wegerichs ähneln. Sie sind jedoch sehr viel länger (bis zu 15 cm). Alle Blüten sind zwittrig und haben sechs Narben. Die Samen riechen beim Zerreiben unangenehm stark nach Chlor, ein unverkennbares Merkmal des Strand-Dreizacks.
Vorkommen: Der Strand-Dreizack wächst überwiegend an Priel- und Grabenrändern.
Wissenswertes: Der Strand-Dreizack gehört zu den sogenannten Dreizackgewächsen. Seinen Namen verdankt er den eiförmigen Früchten. Diese zerfallen zur Reife in drei mit einer Spitze versehene Teilfrüchte, die jeweils zwei Samen enthalten. Die Blüten erscheinen recht früh im Jahr und bilden als reife Samen schon den ersten, früh durchziehenden Singvögeln eine willkommene Nahrung. Die Blätter sind essbar und werden als Salat verzehrt. Der Dreizack bildet in seinem Gewebe für den eigenen Stoffwechsel ungefährliche Zuckermoleküle. Mit ihnen wirkt er dem osmotischen Sog des aufgenommenen Salzes entgegen und kann so seinen Stoffwechsel schützen.

Mai–Aug
10–60

Zwerg-Seegras

Zostera noltii

Seegrasgewächse

Merkmale: Zwei Seegras-Arten teilen sich den Lebensraum unterhalb der Mitteltideniedrigwasserlinie auf. Ihre Blätter sind grasartig schmal-linealisch, flutend, meist grasgrün oder schwärzlich. Die des **Schmalblättrigen Seegrases** (*Z. marina*) sind bis zu 9 mm breit, die des Zwerg-Seegrases nur um 1 mm. Ihre rundlichen Stängel sind schwach und werden vom Wasser aufrecht gehalten. Die sehr einfachen Blüten (ein Staubblatt und ein Fruchtblatt) erscheinen von einer Scheide umschlossen zweireihig auf Seitenachsen (Zwerg-Seegras) oder ohne Blütenhülle in einfachen Blütenständen (Schmalblättriges Seegras).

Vorkommen: Das Zwerg-Seegras besiedelt in dichten Rasen auf schlickigen Böden die Bereiche von der Niedrigwasserlinie bis 1 m Wassertiefe. Dort ist es bestandsbildend und in Flachwasserbereichen zu sehen. Das Schmalblättrige Seegras dagegen bleibt meist verborgen, da es seine dichten Rasen immer untergetaucht bis in etwa 10 m Wassertiefe auf eher sandigen Böden bildet.

Wissenswertes: Beide sind die einzigen Blütenpflanzen Deutschlands, die komplett im marinen Milieu untergetaucht leben. Bestäubt werden sie durch Schwimmpollen. Die Seegräser gehören nicht zu den echten Gräsern, sondern zu den Laichkrautgewächsen. Seegraswiesen sind wichtige Laichplätze für Nutzfische und die Leibspeise von Ringelgänsen und Pfeifenten. Ihre Blätter findet man häufig im Spülsaum (Teek, Treibsel). Sie dienten früher als Füllmaterial für Matratzen.

Juni–Aug | 20–40

Strand-Binse

Juncus maritimus

Sauergräser

Merkmale: Die Strand-Binse ist eine robustes, gelbgrünes bis graugrünes Sauergras mit stielrunden und knotenlosen Halmen. Die Halme sind mit Mark gefüllt. Die Binse wächst dichtrasig mit kurzen Ausläufern. Ihre rinnig gekielten, ebenfalls gelblich grünen Blätter sind recht stabil und mit einer stechenden Spitze versehen. Die kleinen Niederblätter sind bräunlich bis purpurn. Der lockere Blütenstand wird von einem stechenden Tragblatt überragt, das höchstens doppelt so lang wie die Rispe ist. Diese trägt an ihren Ästen kleine Büschel von zwei bis drei Blüten mit goldgelben Blütenhüllblättern. Dadurch lässt sie sich gut von der ähnlichen, aber sehr viel kleineren Bodden-Binse unterscheiden. Die winzigen Blüten sind etwa 4 mm lang und zeigen zur Blütezeit im Hochsommer sechs Staubblätter und drei leuchtend rote Narben. Die etwa 10 cm lange Rispe ist zur Blütezeit locker geöffnet, zur Fruchtzeit wird sie etwas zusammengezogen.

Vorkommen: Die Strand-Binse findet sich an feuchten, nährstoffreichen Stellen in der unteren Salzwiese, an Gräben- und Grüppenrändern. Dichte, schwere und salzige Böden werden bevorzugt. Auf manchen Inseln ist sie häufiger, auf anderen seltener anzutreffen, generell gehört sie aber eher zu den selteneren Sauergräsern.

Wissenswertes: Durch ihre harten Blätter wird sie vom Vieh verschmäht und ist auf beweideten Salzwiesen schon von Weitem an ihrem horstartigen Wuchs zu erkennen.

Juli–Aug | 50–100

Salz-Binse, Bodden-Binse

Juncus gerardii

Sauergräser

Merkmale: Diese Art ist von der Strand-Binse durch die dunkelroten bis braunen Blütenhüllblätter der Blüten und den Größenunterschied deutlich zu unterscheiden. In allen Pflanzenteilen ist die Boddenbinse zart gebaut, die filigranen Blütenstände werden von den Tragblättern selten überragt. Den annähernd stielrunden, starr aufrechten, grünen Stängel bedeckten etwa bis zur Hälfte saftig grüne bis olivfarbene Blätter. Wie bei allen Sauergräsern ist der Stängel knotenlos und mit Mark angefüllt. Die Bodden-Binse wächst durch eine weitverzweigte, kriechende Grundachse dichtrasig, aus der mehrere ährentragende Halme entspringen. Die Grundblätter sind bräunlich und kaum mehr als 2 mm breit. Lockere, oft reich verzweigte Rispen tragen zahlreiche kleine Blüten mit rötlichen oder bräunlichen Blütenhüllblättern, die mit einem feinen grünen Mittelstreif versehen sind.

Vorkommen: Die Bodden-Binse leitet in der unteren Salzwiese von den niedrigeren Andelrasen zu den höheren Rotschwingelwiesen über. Als salzgebundenes Sauergras bevorzugt sie periodisch überflutete, nährstoffreiche Salzwiesenbereiche. Häufig steht sie am Rand von Trittgesellschaften.

Wissenswertes: Im Spätherbst produzieren reife Früchte einen klebenden Schleim, mit dem sie im Gefieder oder im Fell vorbeiziehender Tiere hängen bleiben und so verbreitet werden. Die sehr ähnliche **Zweischneidige Binse** (*J. anceps*) unterscheidet sich durch eine dichtere Rispe.

Juni–Juli

15–30

Strandsimse

Bolboschoenus maritimus

Sauergräser

Merkmale: Dieses robuste Riedgras ist an seinem scharf dreikantigen Halm und an seinen charakteristischen Blütenständen gut zu erkennen. Die deutlich gekielten Blätter sind wie der knotenlose Halm blaugrün gefärbt und bilden einen Kontrast zu den dunkelbraunen Ähren mit ihren weißlichen Staubblättern. Die Halme sind meist nur in ihrem unteren Drittel beblättert, lediglich die Blütenstände werden von bis zu drei Tragblättern deutlich überragt. Diese sind an der Spitze ausgerandet und tragen eine kleine Stachelspitze. Die großen Blüten sind zu kopfigen Blütenständen mit fünf bis zehn vielblütigen Ährchen zusammengezogen. Die dunkelbraunen Spelzen öffnen sich zur Blütezeit leicht und lassen drei weiße Staubblätter im Wind pendeln. Alle Blüten sind zwittrig, haben einen Fruchtknoten mit meistens nur zwei Narben.

Vorkommen: Die Gewöhnliche Strandsimse ist häufig in Meeresnähe anzutreffen. Sie verträgt Salzwasser und ist daher besonders in den Mündungsgebieten großer Flüsse eine gute Verlandungspflanze. Sonst kommt sie in und am Rand von regelmäßig trockenfallenden Gräben und Prielen vor, aber auch an stehenden, teils brackigen Seen ist sie zu finden.

Wissenswertes: Die Strandsimse wird oft zur Landgewinnung eingesetzt und angepflanzt. Sie ist salztolerant und sogar salzliebend. Über eine weitere Verwendung ist wenig bekannt. Sie ist ein sehr hartes Sauergras, das vom Vieh verschmäht wird.

Juni–Juli | 30–120

Andel, Strand-Salzschwaden

Puccinellia maritima
Süßgräser

Merkmale: Die graugrünen Blätter des Andels sind fleischig verdickt, breiter und derber als die des Rot-Schwingels. Die Halme sind bis zur Hälfte beblättert, hohl und ebenfalls graugrün. Der Andel bildet an häufig überfluteten Bereichen und an Abbruchkanten charakteristische, blaugrüne Polster aus, sogenannte Andelbulten. Blühende Triebe sind abgeknickt oder aufrecht aufsteigend, sie tragen dichtblütige Ähren. Die violett überhauchten Rispen sind etwa 7 cm lang mit zumeist glatten, wenig abstehenden Ährenästen. Ihre Ährchen bestehen aus fünf bis neun Blüten, deren Spelzen oft violett überlaufen sind. Die Deckspelzen haben keine Grannen (!) und sind vorn abgerundet.
Vorkommen: Der Andel ist die namengebende Charakterpflanze der Andelzone der unteren Salzwiese. Dort ersetzt er die Quellerrasen bei zunehmender Bodenhöhe. Das Gras kommt nur im Küstengebiet vor, dort sehr häufig und bestandsbildend.
Wissenswertes: Andel taucht dort auf, wo die Salzwiese extensiv beweidet wird. Endet die Beweidung, übernehmen andere Gräser oder die Strand-Salzmelde solche Standorte. Durch nichtblühende Sprosse, die ausläuferartig den Boden bedecken und wurzeln, ist der Andel als Befestiger des Vorlandes gut geeignet. Das Gras verträgt Meeresüberflutungen, blüht dann aber nicht. Der Name leitet sich vom plattdeutschen „andeel“ (Anteil) ab, weil das Gras dort wächst, wo der Bauer durch Vorlandgewinnung neue Nutzungsrechte (Anteile) gewinnen konnte.

Juni–Sept | 15–30

Englisches Schlickgras

Spartina anglica
Süßgräser

Merkmale: Die groben, stabilen Halme des Englischen Schlickgrases sind wenig verzweigt, aufrecht und stechend. Die starr abstehenden Blätter sind sehr scharfkantig und werden etwa 8 mm breit. Sie sind durch deutlich sichtbare Blattnerven gekennzeichnet. Die Haare der Blattligula erreichen eine Länge von etwa 2 bis 3 mm. Die stattlichen Blütenstände bestehen aus vier bis fünf dicht beieinander stehenden Ähren. Jede Ähre ist um 15 cm lang und enthält zahlreiche, etwa 12 mm lange Blüten. Ihre deutlich sichtbaren, im Wind pendelnden Staubbeutel sind 8 bis 13 mm lang.

Vorkommen: Das Englische Schlickgras ist ein ausdauerndes, kräftiges, gelbgrünes Gras, das meist in der Verlandungszone oder auf vorgeschobenem Standort im Watt anzutreffen ist.

Wissenswertes: Das Schlickgras ist ein weitverbreitetes Gras der Verlandungszone, das eher große, rundliche Horste im Schlickwatt bildet als die erwünschten dichten Rasen. Deswegen wurde es im 19. Jh. aus England zur Unterstützung des Quellers im Landgewinnungsprozess eingeführt. Um 1870 entstand aus dem Englischen Schlickgras und dem an der Kanalküste heimischen **Niederen Schlickgras** (*S. maritima*) als Bastard das inzwischen im Wattenmeer weitverbreitete **Hohe** oder **Townsend's Schlickgras** (*S.* × *townsendii*). Es hat deutlich kürzere Antheren (4 bis 8 mm), die Haare der Ligula sind mit 0,3 bis 2 mm ebenfalls erheblich kürzer. Sterile Pollenkörner und das Fehlen von Früchten kennzeichnen diesen Hybriden.

Juli–Sept | 30–80

Schnecken und Muscheln

Pantoffelschnecke

Crepidula fornicata
Weichtiere

Merkmale: Auf den ersten Blick erinnern Pantoffelschnecken durch ihre schüsselförmige, ovale Gestalt an Muscheln, jedoch sind sie sehr leicht als Schnecken zu erkennen, denn ihre große Öffnung wird zur Hälfte durch eine weißliche, etwas eingesenkte Platte verschlossen. Gewöhnlich sind die bis etwa 5 cm großen Schnecken unscheinbar grau gefärbt, allerdings kann die Färbung sehr variabel sein und entspricht am ehesten dem Untergrund, auf dem die Schnecke lebt. Der Mündungsrand wird an die Unterlage gepresst und nur, wenn die Schnecke mit Wasser bedeckt ist, zur Nahrungsaufnahme etwas angehoben.
Vorkommen: Pantoffelschnecken ziehen eine sesshafte Lebensweise vor. Einmal festgesetzt, bewegen sie sich selten fort. Sie leben auf harten Böden, Felsen oder an Pfählen in der Gezeitenzone und tiefer. Die Art wurde 1880 zusammen mit Austern aus Nordamerika nach England eingeschleppt und breitete sich von dort rasch die Nordseeküste entlang aus: 1929 wurde sie in Holland entdeckt, 1934 schon auf Sylt und 1949 stellte man sie auf Helgoland fest.
Wissenswertes: Zur Nahrungsaufnahme wird ein kräftiger Wasserstrom durch die Kiemen geleitet, um die Schwebstoffe herauszufiltern. Oft findet man Pantoffelschnecken zu mehreren aufeinander sitzend. Diese Kette dient der Fortpflanzung der Tiere: Die sich oben aufsetzenden Tiere sind Männchen, die das darunter sitzende Weibchen begatten und sich dann selbst in Weibchen umwandeln, um von dem darüber haftenden Männchen begattet zu werden.

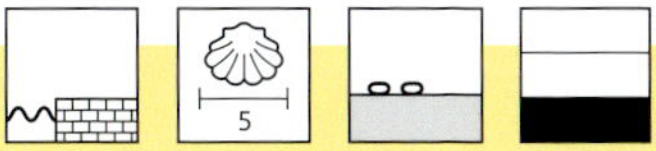

Unechte Wendeltreppe

Epitonium clathrus
Weichtiere

Merkmale: Unechte Wendeltreppen haben kleine, filigran gebaute Schneckengehäuse. Da sie recht selten vorkommen, werden sie meist nur vereinzelt gefunden. Die kleinen weißen Schnecken besitzen ein typisch gewundenes Gehäuse. Das glatte Gehäuse kann bis zu 4 cm hoch werden und besteht aus 12 bis 15 locker verbundenen Windungen, die von scharf abgesetzten, kräftigen Axialrippen besetzt sind. Anhand dieser Rippen sind die Schnecken recht leicht zu bestimmen. Die weiße Färbung der Gehäuse wird durch kleine braune Farbtupfer unterbrochen. Zumeist werden am Strand oder im Strömungsschatten der Buhnen jedoch nur kleinere Exemplare gefunden. Oft sind deren filigrane Rippen durch die Brandungskräfte zerstört worden.
Vorkommen: Wendeltreppen leben in tiefen Gewässern auf Schlick- und Sandböden. In 15 bis 70 m Tiefe ernähren sie sich räuberisch von einem üppig gedeckten Tisch. Mit ihrer Raspelzunge bohren sie Blumentiere (Korallen) an und verzehren deren Inneres. Die kleinen Schnecken besiedeln das Mittelmeer sowie die Atlantikküste, die Nordsee und das Kattegat bis Norwegen.
Wissenswertes: Neben der beschriebenen Art leben an den europäischen Küsten noch zwei weitere, teilweise sehr ähnliche Arten, die sich nur schwer auseinander halten lassen. In der südlichen Nordsee sind Vertreter von zwei verwandten Arten, *E. turtonis* und *E. clathratula,* gelegentlich nachgewiesen worden.

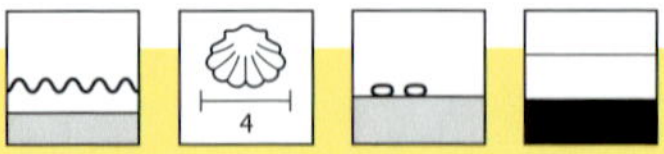

Turmschnecke

Turritella communis

Weichtiere

Merkmale: Turmschnecken sind an ihrem hohen, turmförmigen Gehäuse leicht zu erkennen. Die 15 bis 16 schlanken Windungen liegen eng aneinander und sind nicht mit Axialrippen besetzt. Stattdessen sind sie mit kleinen, feinen Längsrippen besetzt. Die Umgänge erweitern sich stetig bis zur rundlichen Mündung. Die braunen oder rötlichen Gehäuse können eine Höhe von etwa 5,5 cm erreichen.

Vorkommen: Turmschnecken leben ausschließlich auf Schlickböden ab 30 m Wassertiefe. Von der Nord- und Ostsee sind sie entlang des Ärmelkanals und der Atlantikküsten bis ins Mittelmeer verbreitet. Allerdings treten sie nur lokal häufig auf, zumeist sind sie eher selten und werden nur vereinzelt gefunden. Im Angespül sind sie gelegentlich zwischen anderen Muschel- und Schneckengehäusen in der Nähe von Buhnen oder anderen Uferschutzanlagen zu finden.

Wissenswertes: Turmschnecken graben sich mit ihrem schlanken Gehäuse in flachem Winkel fast gänzlich in den weichen Feinsand ein. So sind sie vor Fressfeinden gut geschützt. Die kleinen Schnecken führen eine nahezu festsitzende (sessile) Lebensweise, sie wechseln nur äußerst selten ihren Standort. Ihre Ernährungsweise ist diesem Leben optimal angepasst: Mit ihren filigranen Federkiemen filtern sie feinste Nahrungspartikel und Plankton aus dem Wasser. Die Nahrung gelangt dann über eine schmale Rinne in der Mantelhöhle (Atemhöhle) zur Mundöffnung.

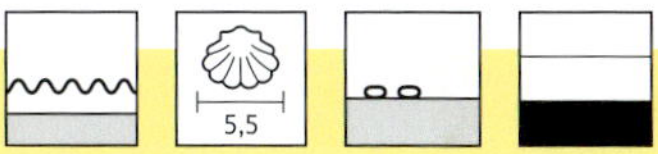

Pelikanfuß

Aporrhais pespelecani
Weichtiere

Merkmale: Pelikanfüße sind sehr seltene, dafür aber sehr hübsche Schnecken. Ihr Gehäuse erweitert sich an der Öffnung flügelartig. So gibt es der Schnecke das Aussehen eines mit Schwimmhäuten besetzten Vogelfußes. Bis zu zehn kräftige Windungen bilden das stabile Gehäuse, das eine Höhe bis 5 cm erreichen kann. Stets sind die Windungen knotig gerippelt (genoppt) und dadurch deutlich voneinander abgesetzt. Die Farbe der kleinen, aber kräftigen Schneckengehäuse ist sehr variabel, sie kann von weißlich über gelbbraun bis in bläuliche Töne reichen.
Vorkommen: Unterhalb der Mitteltideniedrigwasserlinie besiedeln Pelikanfüße sandige Schlamm- und Schlickböden. Pelikanfüße haben ein großes Verbreitungsgebiet: Sie bewohnen alle europäischen Meere vom Nordmeer bis zum Mittelmeer, jedoch kommen sie in der südlichen Nordsee nur sehr selten vor.
Wissenswertes: Pelikanfüße leben im Schlick eingegraben. Die Erweiterung der Mündung der Gehäuse dient ihnen dabei als Schutzdach für den Kopf. Unter diesem „Dach“ leiten sie ihr Atemwasser entlang. Gleichzeitig wird so die Nahrung aufgenommen, diese filtern die Schnecken aus dem Schlick heraus. Sie besteht aus Kleinstlebewesen und Schwebstoffen (Plankton). Die nahezu sessil (festsitzend) lebenden Tiere bewegen sich nur selten fort. Die Gehäuse verendeter Tiere werden oft freigespült und an die Strände geworfen. Einen Pelikanfuß zu finden ist etwas Besonderes.

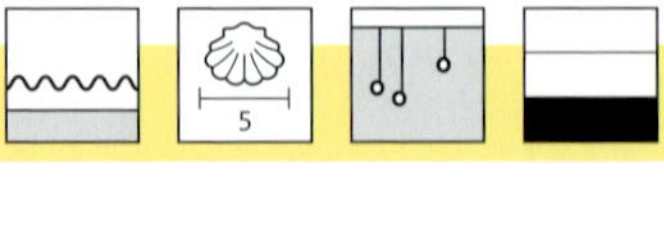

Netzreusenschnecke

Hinia reticulata

Weichtiere

Merkmale: Eine sehr kräftige, mit kleinen Zähnen besetzte Mündungslippe ist das charakteristische Merkmal dieser kräftigen, stumpf wirkenden Schnecke. Das kegelförmige Gehäuse ist durch ein feines Gittermuster gekennzeichnet, das bei angespülten Tieren aber durch die Brandungskräfte schon abgerieben sein kann. Bis zu acht Windungen bilden das Gehäuse, wobei die jüngste immer nahezu doppelt so breit ist wie die vorhergehende. Die Färbung ist sehr variabel, die 3,5 cm hohen Gehäuse sind von braunrot über violett bis gelblich braun in vielen Farbnuancen zu finden. Angespülte Schalen sind jedoch meist ausgeblichen.

Vorkommen: Netzreusenschnecken leben im Küstensaum von Nord- und Ostsee, Atlantik, Ärmelkanal, Mittelmeer und Schwarzem Meer, stets unterhalb der Mitteltideniedrigwasserlinie bis in 40 m Tiefe. Die Tiere leben räuberisch auf sandigen oder steinigen Böden.

Wissenswertes: Netzreusenschnecken sind Fleischfresser. Sie können jedoch keine Muscheln anbohren. Ihre Nahrung besteht aus Würmern, kleinen Muscheln und Schnecken. Oft nehmen sie auch mit Aas vorlieb. Die Lokalisierung der Nahrung gelingt den Schnecken dadurch, dass sie mit ihrem Sipho (Atemrohr) „Witterung" aufnehmen. Ihre Eier legen die kleinen Schnecken zu etwa 100 in eine Kapsel, die dann auf einer soliden Unterlage befestigt wird. Die daraus schlüpfenden, freischwimmenden Larven werden als Veliger-Larven bezeichnet.

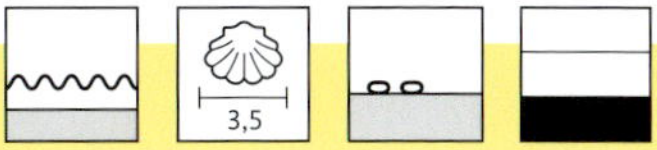

Nordische Purpurschnecke

Nucella lapillus

Weichtiere

Merkmale: Die Purpurschnecke kennzeichnet ein sehr kräftiges Gehäuse mit dicken Wandungen. Die sechs Umgänge sind flach gewölbt und mit feinen Riefen versehen. Eine kleine Mündung wird von einer dicken, gezähnten Lippe umgeben und gibt der Schnecke ihr unverwechselbares Aussehen. Gelegentlich dunkel gebändert, tritt die Nordische Purpurschnecke eher mit stumpf weißlichem oder braunem Gehäuse auf. Selten erreichen die Gehäuse Höhen bis 6,5 cm, durchschnittlich findet man bis 4 cm hohe Gehäuse. Die kurze Siphonalrinne (die Rinne, in der das Atemrohr Platz findet) liegt außen und ist deutlich zu erkennen.

Vorkommen: Bis in wenige Meter Tiefe besiedelt die Nordische Purpurschnecke von der Spritzwasserzone abwärts geschützte Stellen auf felsigen Böden, Klippen und Hafenanlagen. In der Nordsee findet man sie nur lokal auf Helgoland. Sonst ist sie an europäischen Felsküsten weit verbreitet. Jedoch werden gelegentlich Schalen angespült.

Wissenswertes: Purpurschnecken ernähren sich räuberisch. Sie bohren Muscheln, Schnecken und Seepocken an, um sie dann genüsslich und komplett leer zu fressen. Ihren Namen erhielten die Purpurschnecken, weil sie eine Drüse besitzen, deren Sekret in der Sonne von Gelb über Grün und Blau nach Purpur und Violett umschlägt. Dieser kräftige und beständige Farbstoff war im Alten Rom und im Mittelalter sehr begehrt, weswegen die Schnecken in großem Stil gesammelt und wirtschaftlich verwertet wurden.

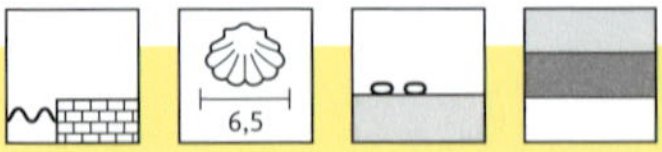

Wellhornschnecke

Buccinum undatum
Weichtiere

Merkmale: Die Wellhornschnecke ist die größte heimische Schnecke und wegen ihrer Häufigkeit auch sehr leicht zu finden. Das bis zu 12 cm hohe Gehäuse ist meist blaugrau gefärbt, kann aber auch gelblich bis bräunlich oder gebändert gefärbt sein. Bis zu acht kräftig gewölbte Windungen bilden das kräftige Gehäuse, dessen große, ovale Öffnung von einem kleinen Operculum (Schließdeckel) verschlossen werden kann. Die Windungen weisen deutliche Wachstumsnähte auf und sind überdies kräftig wellenförmig gerieft. Eine kurze Siphonalrinne begrenzt die weite Mündung nach vorne hin.
Vorkommen: Als Beutegreifer und Allesfresser besiedeln die Wellhornschnecken Weich- und Hartböden unterschiedlicher Tiefen. Stets unterhalb der Mitteltideniedrigwasserlinie lebt die häufigste Schnecke unserer Breiten vom Eismeer bis ans Mittelmeer an nahezu allen nordatlantischen Küsten.
Wissenswertes: Im Angespül sind des Öfteren die Eiballen der Wellhornschnecken zu finden. In einem solchen Gelege sind nur etwa zehn der Eier befruchtet, die anderen dienen den sich entwickelnden Larven als Nahrung. Diese verlassen dann als vollständig entwickelte Schnecken die Kapseln. Die leeren Gehäuse der Wellhornschnecken werden nicht selten von Einsiedlerkrebsen bewohnt, die damit ihren hinteren Körperteil schützen. Wellhornschnecken können, wie einige andere Schnecken auch, keine Muschelschalen anbohren. Daher greifen die Schnecken auch häufig auf Aas zurück.

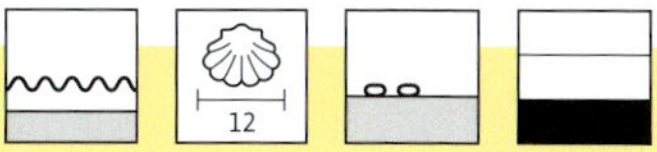

Aschgraue Kreiselschnecke

Gibbula cinerea

Weichtiere

Merkmale: Etwa 1,7 cm hoch ist das kegelförmige Gehäuse der Kreiselschnecke. Sechs flach gewölbte Windungen, eine stumpfe Spitze und die abgeflachte Basis machen diese Schnecke leicht bestimmbar. Die schrägen, aschgrauen Streifen auf dem sonst cremefarbenen Gehäuse sorgten einerseits für ihren Namen, andererseits machen sie sie unverkennbar. Sie können allerdings auch rötlich oder braun gefärbt sein. Auf der Außenseite sind feine spiralige Rippen ertastbar. Angespülte Schalen sind wegen des Vorkommens der Schnecken in der riffartigen Brandungszone durch Abrieb oft beschädigt.

Vorkommen: Kreiselschnecken leben auf Hartböden und großen Tang-Arten (*Fucus, Laminaria*), von der Gezeitenzone abwärts bis in Tiefen von 350 m. Sie besiedeln den Atlantik und die Nordsee, jedoch sucht man sie in der Ostsee vergeblich. In der südlichen Nordsee auf Helgoland sehr häufig, sonst selten und nur angespült.

Wissenswertes: Die kleinen Schnecken ernähren sich überwiegend pflanzlich. Sie weiden auf Tangen und Felsen Kieselalgen (Diatomeen) und anderes organisches Material ab. Läuft das Wasser ab, verziehen sie sich in Gezeitentümpel oder tiefere Regionen. Sie können kräftigen Wasserbewegungen standhalten, jedoch findet man sie genauso oft an geschützten Stellen. Am Strand gefundene Schalen sind meist schon so weit abgeschliffen, dass die innen liegende Perlmuttschicht sichtbar wird.

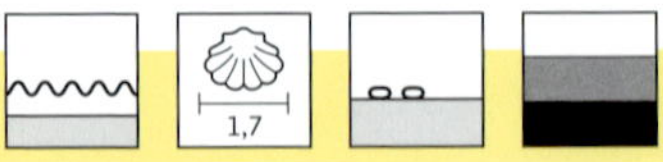

Flache Strandschnecke

Littorina obtusata
Weichtiere

Merkmale: Eine kleine, dickwandige Strandschnecke, die sich häufig an der Küste findet. Ihr kugeliges, flaches Gehäuse besteht aus bis zu fünf sehr wenig aufgewölbten Windungen, die oft die vorangegangenen mehr als zur Hälfte bedecken. Die obere Endigung ist im Gegensatz zur folgenden Art völlig stumpf. Daher wird sie auch oft als Stumpfe Strandschnecke bezeichnet. Die Färbung ist sehr variabel. Neben völlig gelben Exemplaren sind überwiegend bräunliche oder rötliche anzutreffen, auch kommt es vor, dass man olivgrüne und schwarze Vertreter auffindet. Zumeist sind die zarten Gehäuse fein gemustert, gelegentlich auch deutlich gebändert. Ihre Länge beträgt etwa 1,4 cm.

Vorkommen: Vom Eismeer bis zu den Azoren ist die Flache oder Stumpfe Strandschnecke eine weit verbreitete Art, die überwiegend flächige Tang-Arten auf der Suche nach Nahrung abweidet. Gebunden an deren Verbreitung siedelt die Strandschnecke in der mittleren und unteren Gezeitenzone.

Wissenswertes: Gelegentlich findet man auf trocken fallenden Tangen (bevorzugt auf dem Sägetang *Fucus serratus*) kleine schleimige Gebilde, die als gelblich-weiße Kügelchen die Eier der Flachen Strandschnecke enthalten. Aus ihnen schlüpfen nach einiger Zeit unter Wasser die kleinen Schnecken als fertige Tiere. Kieselalgen sind die Hauptnahrung der Strandschnecken, die sie vom Wattboden oder von Tangen abweiden.

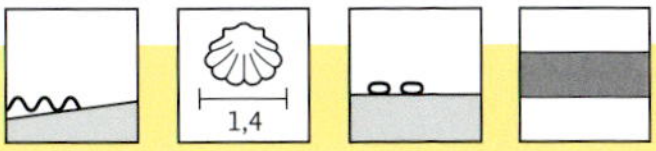

Gemeine Strandschnecke

Littorina littorea

Weichtiere

Merkmale: Von der Flachen Strandschnecke ist die Gemeine Strandschnecke durch ihr spitzeres Gehäuse zu unterscheiden. Die kräftige, kegelförmige Schale besteht aus sechs bis acht flach gewölbten Umgängen, von denen die letzte Windung höher ist als alle vorhergehenden und diese somit weit über die Hälfte bedeckt. Von der Färbung eintöniger als die vorhergehende Art, sind zumeist nur schlammig olivgrüne Vertreter zu beobachten. Die 2 bis 4 cm hohen Gehäuse variieren nicht in der Farbe, aber stark in ihrer Gestalt. Die Dicke der Schale ist abhängig vom besiedelten Gebiet.

Vorkommen: In der Gezeitenzone siedelt die Gemeine Strandschnecke bevorzugt auf hartem Boden im Watt und an geschützten Stellen der Buhnen oder auf großen Tang-Arten. Sie ist die Schnecke mit dem größten Verbreitungsgebiet unserer Breiten. Vom Eismeer bis an die Atlantikküsten Portugals ist sie beheimatet. Sie wurde in Nordamerika eingeschleppt.

Wissenswertes: Strandschnecken ernähren sich von Diatomeen (Kieselalgen) und anderen organischen Resten, die sie mit ihrer Raspelzunge vom Wattboden oder von Tangen und anderen Wasserpflanzen abnagen. Viele Tiere findet man oft in der Spritzwasserzone oder in der Oberen Gezeitenzone. Fallen sie trocken, verschließen sie ihr Gehäuse mit dem Operculum, einem kleinen Deckelchen, das genau in die Mündungsöffnung passt, heften sich ganz fest ans Substrat (Buhnen) und überdauern so die wasserfreie Zeit.

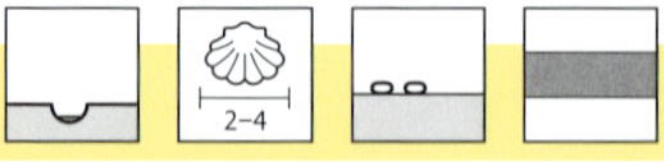

Glänzende Nabelschnecke

Lunatia alderi

Weichtiere

Merkmale: Glänzende Nabelschnecken sind mittelgroße, bis 3 cm hohe, kugelig-ovale Schnecken. Ihre Gehäuse bestehen aus fünf bis sechs Umgängen, deren letzte deutlich größer ist als die vorhergehenden. Die Windungen berühren sich im Innern nicht, so dass statt der Spindel ein hohler Gang entsteht, der sogenannte Nabel. Dieser ist neben der ohrförmigen Mündung als kleine Öffnung zu erkennen. Außen ist das Gehäuse glänzend (Name) gelblich bis cremefarben und stets mit zickzackförmigen, rötlichen Fleckenreihen versehen.

Vorkommen: Wie alle Nabelschnecken lebt auch diese Art räuberisch. Mit Vorliebe besiedeln die Schnecken Sand- oder Schillböden unterhalb der Gezeitenzone. Ihre Häufigkeit ist abhängig von der Häufigkeit der Beutetiere. Weit verbreitet bevölkern sie die Küsten des Atlantiks, der Nord- und Ostsee sowie des Ärmelkanals.

Wissenswertes: Nabelschnecken sind äußerst räuberische Tiere. Mit Schleimfäden „fesseln" sie ihre Opfer. Gelegentlich überfallen sie sie auch im Schlick. Die Tiere halten ihr Opfer fest und bohren mit ihrer Raspelzunge ein Loch in deren Schale. Mit ihrem beweglichen Rüssel, den sie durch die entstandene Öffnung in das Gehäuse führen, verzehren sie dann die Weichteile der Beute vollständig. Die Schalen überfallener und ausgefressener Tiere weisen charakteristische Bohrlöcher auf und sind nicht selten am Strand zu finden.

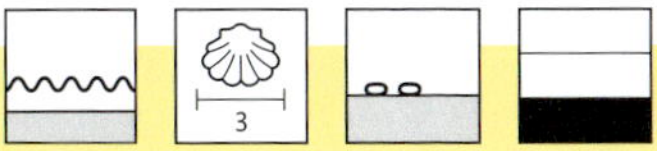

Wattschnecke

Hydrobia ulvae
Weichtiere

Merkmale: Wattschnecken sind sehr kleine Schnecken, die den Wattboden zahlreich besiedeln. Die bis zu 7 mm hohen, filigranen Gehäuse werden von fünf bis sechs dünnwandigen, gewölbten Windungen gebildet. Die letzte Windung bildet die ovale Mündungsöffnung aus. Die Farbe der Gehäuse variiert in olivbraunen oder gelblichen Farbtönen.
Vorkommen: Fast ausschließlich auf Sandboden besiedeln Wattschnecken in riesigen Mengen die Gezeitenzonen des Wattenmeeres und der europäischen Küsten sowie die Strände des Atlantiks. Auch in tieferen Gewässern ist die Wattschnecke auf Schlickböden in der deutschen Bucht nachgewiesen. Die Tiere leben nie eingegraben.
Wissenswertes: Wattschnecken haben ihren Lebenswandel optimal den Gezeiten angepasst. Bei auflaufendem Wasser heften sie sich von unten an die Wasseroberfläche und lassen sich umhertreiben. An der Wasseroberfläche treibend, legen sie ein langes Schleimband aus, an dem zahlreiche Planktonorganismen kleben bleiben, die von den treibenden Schnecken dann abgeweidet werden. Läuft das Wasser wieder ab, sinken die Schnecken zu Boden. Erst wenn die Schnecken trockenfallen, werden sie richtig aktiv und weiden die Oberfläche des Wattbodens nach Nahrung ab. Sie ernähren sich von Diatomeen (Kieselalgen) und Blaualgen. Nach einer gewissen Zeit graben sie sich ins Sediment ein, um nicht auszutrocknen, und warten auf das nahende Wasser. Derweil sind ihre Kriechspuren auf dem Wattboden gut zu sehen.

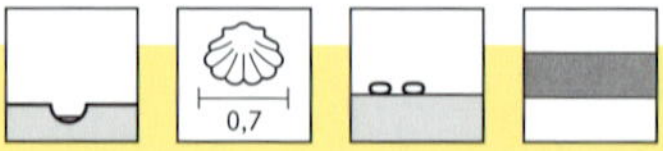

Essbare Miesmuschel

Mytilus edulis
Weichtiere

Merkmale: Miesmuscheln sind dunkelbraune bis blauviolette, kräftige Muscheln, deren gewölbte Schalenklappen an einem Ende spitz zulaufen, am Hinterende gleichmäßig abgerundet sind. Die bis 10 cm langen Schalen sind oft am Strand zu finden. Im Innern glänzt eine helle Perlmuttschicht, die einen dunkelblauen Rand überlässt. Die Oberhaut der Schale bildet eine konzentrische (ringförmige) Struktur, die bei aufgefundenen Schalen toter Tiere abplatzen kann.

Vorkommen: Miesmuscheln leben auf harten Untergründen und Sanden, oft können sie auf Molen und anderen Hafenanlagen beobachtet werden. Im Wattenmeer bilden sie ausgedehnte Muschelbänke, die bei Niedrigwasser trockenfallen können. Von der Gezeitenzone bis 50 m abwärts sind Miesmuscheln in zahlreichen Weltmeeren verbreitet. Lediglich in der Arktis und im Mittelmeer sind sie sehr selten anzutreffen.

Wissenswertes: Miesmuscheln leben auf dem Substrat, statt sich einzugraben. Dort verankern sie sich mit festen Eiweißfäden. Diese sogenannten Byssusfäden produzieren die Muscheln mit einer im Fuß befindlichen Drüse. Sogar das „Ernten" der geschätzten Delikatesse wird dadurch mitunter schwer. Als Strudler ernähren sich die Muscheln von kleinsten Partikeln, die sie mit ihren Kiemen aus dem Atemwasser filtrieren. Miesmuschelbänke, in denen bis zu 2000 Tiere pro m^2 leben können, bilden einen Lebensraum für viele andere Arten, wie Tange oder Seepocken, die ohne die Muscheln seltener im Wattenmeer anzutreffen wären.

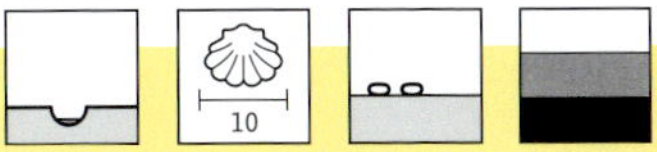

Krause Bohrmuschel

Zirfaea crispata
Weichtiere

Merkmale: Die unförmigen und kräftigen Schalenklappen der Krausen Bohrmuschel sind vor allem durch eine quer über das Gehäuse verlaufende tiefe Furche gekennzeichnet. Der vordere Rand der grauen oder weißen Schalen ist deutlich nach außen umgeschlagen. Ränder und Wirbel („Scharnier“ der Schale) sind glatt, lediglich der vordere Rand der Schalen ist leicht gebuchtet. Dort entspringt auf jeder Schalenklappe die Apophyse, ein nach innen gerichteter Fortsatz, der den Schließmechanismus unterstützt. Die auffälligen Muscheln können bis zu 8 cm lange Schalen bilden.

Vorkommen: Krause Bohrmuscheln leben in treibendem Holz oder in weichen Böden wie Kreide, Torf oder Ton. Sie sind stets unterhalb der Mitteltideniedrigwasserlinie anzutreffen. Ihr Verbreitungsgebiet erstreckt sich vom Atlantik über die Nordsee bis weit in die Ostsee hinein.

Wissenswertes: Wie ihr Name schon sagt, bohrt sich die Krause Bohrmuschel in ihr bewohntes Substrat hinein. Indem sie beide Schalenklappen gegeneinander verschiebt, entsteht eine Raspelwirkung. Durch die Rippen und Furchen auf der Klappe wird so ein Wohngang freigelegt, in dem die Muschel ihr weiteres Leben verbringt. Entsprechend weich muss der Untergrund natürlich sein. Es werden allerdings nicht nur fest verankerte Substrate bezogen, auch ein vorbei schwimmendes Stück Treibholz oder ein altes, hölzernes Schiffswrack bilden beliebte Wohnorte.

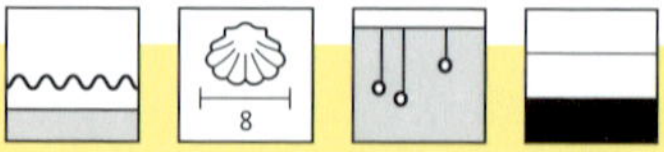

Weiße Bohrmuschel

Barnea candida
Weichtiere

Merkmale: Die geöffneten Klappen der Bohrmuscheln haben eine langgestreckte ovale Form, die Schale ist zart und kalkig weiß. Ihre Oberfläche ist gleichmäßig radiär (strahlenförmig) wie auch konzentrisch (kreisförmig) gerippt, die Schale ist an beiden Enden abgerundet, am Schloss befindet sich ein nach innen gerichteter Fortsatz, die Apophyse. Kennzeichen sind die am Vorderende umgeschlagenen Schalenränder. Weiße Bohrmuscheln erreichen eine Länge von 6 cm.
Vorkommen: Die Muscheln bohren in weichem Gestein, im Wattenmeer vor allem in treibendem Holz. Nordsee, Atlantik und die westlichen Teile der Ostsee sind ihre Heimat.
Wissenswertes: Durch Bewegen der gerippten Schalenhälften entsteht ein Gewinde, mit dem sich Bohrmuscheln um die eigene Achse drehend in das Substrat hineinbohren.

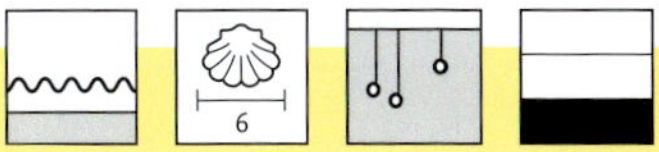

Dattelmuschel

Pholas dactylus
Weichtiere

Merkmale: Die „Engelsflügel" genannten Klappen der Dattelmuscheln haben eine langgestreckte Form, ihre Schale ist zart und weiß und auf der Oberfläche radiär (strahlenförmig) sowie konzentrisch (kreisförmig) gerippt. Die Schalen verjüngen sich am Vorderende abrupt, ihre Ränder sind umgeschlagen, der Zwischenraum zwischen den zwei Lamellen wird von senkrechten Stegen durchzogen. Dattelmuscheln werden bis zu 12 cm lang.
Vorkommen: Dattelmuscheln leben in weichen Gesteinen wie Kreide und Ton, aber auch in Torf und Holz bohren sie ihre Wohngänge. In der Nordsee trifft man sie fast nur auf Helgoland an. Unterhalb MTNW in Nordsee, Atlantik und westlicher Ostsee verbreitet.
Wissenswertes: Durch die Abgabe von Leuchtstoffen wird Plankton, ihre Hauptnahrung, angelockt.

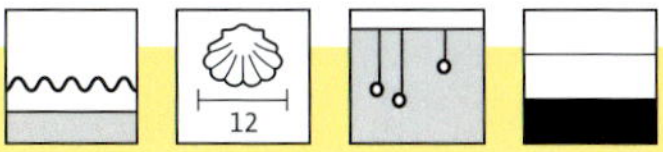

Amerikanische Bohrmuschel

Petricola pholadiformis
Weichtiere

Merkmale: Von der weißen Bohrmuschel ist die Amerikanische Bohrmuschel vor allem dadurch zu unterscheiden, dass ihr vorderer Schalenrand nicht umgeschlagen ist. Sie weist auch keinen Fortsatz (Apophyse) am Schlossrand auf. Die zumeist gelblichen Schalen der Muscheln sind auf den vorderen Schalenhälften nur ganz fein gerippt, nach hinten nimmt die Stärke der Furchen zu, bis am Hinterrand raspelartige, sehr kräftige Rippen entstehen. Diese können zudem noch konzentrisch geriffelt sein. Die länglich ovalen Schalen der Amerikanischen Bohrmuscheln können bis zu 8 cm Länge erreichen.

Vorkommen: Ebenso wie die anderen Bohrmuscheln bohrt sich diese Art in weiche Gesteine wie Ton und Kreide hinein, aber auch Kleiböden im Watt und Torfe werden gern besiedelt. Ursprünglich war diese Art nur in Nordamerika heimisch. Seit wenigen Jahrzehnten erweitert diese Muschel ihr Verbreitungsgebiet stetig in den europäischen Meeren.

Wissenswertes: Seit 1890 taucht die Amerikanische Bohrmuschel in Europa auf. Sie wurde aus Nordamerika mit eingeführten Austernkulturen zunächst nach Südostengland verschleppt, fand hier ideale Lebensbedingungen und konnte sich seitdem etablieren und ausbreiten. In kurzer Zeit besiedelte sie die Küsten Belgiens, Hollands und Deutschlands. Im Norden reicht ihr Verbreitungsgebiet inzwischen bis zum Skagerrak, im Süden bis zum französischen Boulogne sur Mer.

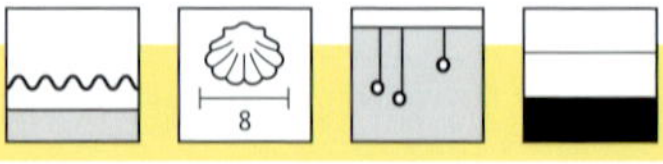

Schwertförmige Scheidenmuschel

Ensis ensis

Weichtiere

Merkmale: Scheidenmuscheln sind langgestreckte, schlanke Muscheln, deren Schalen durch die deutlich gebogenen, glatten Ränder gekennzeichnet sind. Die bis zu 20 cm langen Schalen sind etwa achtmal so lang wie breit. Auf den dünnwandigen Klappen ist eine auffällige, gelb- bis dunkelbraune, abplatzende Beschichtung zu erkennen. Die schmutzigweiße Innenseite weist eine schwache Mantelzeichnung auf, die weit hinten liegende Mantelbucht ist sehr klein. Lediglich der vordere Schließmuskelansatz ist groß und stark nach innen verlängert und daher deutlich erkennbar. Die Scheidenmuschel unterscheidet sich von der Amerikanischen Schwertmuschel durch die Form der Mantelbucht, deren innerer Rand gleichförmig gebogen ist und nicht asymmetrisch zu einer Spitze ausgezogen ist.

Vorkommen: Scheidenmuscheln leben eingegraben in sandigen Sedimenten dicht unter der Oberfläche. Unterhalb der Niedrigwasserlinie sorgen sie dafür, dass sie stets mit Wasser bedeckt sind. Vom Atlantik über die Nordsee bis in die westliche Ostsee sind Scheidenmuscheln anzutreffen.

Wissenswertes: Die schlanke Muschel legt eine selbst gegrabene Röhre an, in der sie die meiste Zeit ihres Lebens verbringt. Bei Gefahr kann sie sich noch tiefer in ihre Wohnröhre zurückziehen. Scheidenmuscheln sind zudem in der Lage, mit Hilfe ihrer Schalen nach dem Rückstoßprinzip zu schwimmen. So sind sie auch als ausgewachsene Tiere in der Lage, neue Gebiete zu erschließen und zu bevölkern.

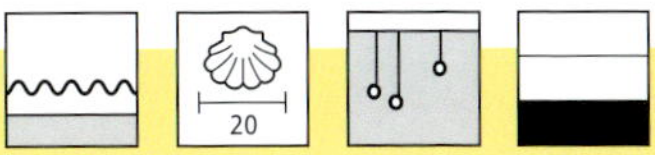

Amerikanische Schwertmuschel

Ensis directus
Weichtiere

Merkmale: Im Gegensatz zur Scheidenmuschel sind bei der Schwertmuschel die Ränder der Schalenklappen leicht bis stark gebogen. Aber auch hier sind die Klappen relativ dünnwandig und schmal. Sie haben ähnliche Radiärstreifen mit gleicher Farbgebung. Ihr kennzeichnendes Merkmal ist inzwischen ihr massenhaftes Auftreten, das andere Arten schwerer erkennbar macht. Die Länge erreicht etwa 16 cm, die Breite der Schalen 2,8 cm. Sehr ähnlich, jedoch viel seltener ist die **Scheidenmuschel** (*Ensis siliqua*). Sie ist deutlich größer (bis zu 20 cm lang) und hat im Gegensatz zur Amerikanischen Schwertmuschel völlig gerade und damit parallele Schalenkanten. Das Seiten-/Längenverhältnis der Scheidenmuschel liegt bei zwei zu sechs.
Vorkommen: Die langen, schlanken Muscheln leben eingegraben in sandigen Böden unterhalb der Niedrigwasserlinie. Für sie ist es wichtig, immer von Wasser bedeckt zu sein. Ursprünglich waren sie an der Ostküste Nordamerikas heimisch, in Europa wurden sie anfangs nur in der Nordsee beobachtet.
Wissenswertes: 1978 wurden die Muscheln oder deren Larven im Ballastwasser großer Öltanker von Nordamerika nach Europa eingeführt. Ideale Lebensbedingungen ermöglichten den Muscheln eine rasche Vermehrung und Ausbreitung. So bildet die Amerikanische Schwertmuschel heute sehr große Bestände im Wattenmeer. Es wird jedoch nicht von einer Verdrängung der einheimischen Arten ausgegangen.

Sandklaffmuschel

Mya arenaria
Weichtiere

Merkmale: Mit 10 bis 15 cm Schalenlänge sind die weißlich gelben Muscheln die auffälligsten Muscheln im Wattenmeer. Sie haben stattliche, kräftige Schalen von ovaler Form. Gelegentlich werden (lebende) Muscheln mit einem Gewicht von bis zu 250 g gefunden. Oft ist die linke Klappe etwas kleiner als die rechte. An ersterer ist ein ohrartiger Fortsatz das kennzeichnende Merkmal. Dieser ist aus verwachsenen Schlosszähnen entstanden. Das Hinterende der Muscheln verjüngt sich etwas rascher als das Vorderende. Außen auf der Schale werden feine konzentrische Kreise gebildet, die gelegentlich mit einer bräunlichen, rissigen Oberhaut überzogen sind.

Vorkommen: Verbreitet auf der nördlichen Halbkugel, meidet diese Muschel arktische Gewässer. Sie besiedelt von Norwegen bis Westfrankreich und von der Labradorsee bis nach Florida die Küsten des Nordatlantiks, von Nordsee und Ostsee. Die Muscheln leben eingegraben in weichem Schlick und Sand in etwa 20 cm Tiefe innerhalb der Gezeitenzone.

Wissenswertes: Sandklaffmuscheln nehmen wie zahlreiche andere Muscheln ihr Atemwasser über einen sogenannten Sipho auf, der bis an die Bodenoberfläche des Sandes ausgestreckt werden kann. Er kann bis auf das Vierfache der Schalenlänge ausgefahren werden. Im Watt sind in Lebendposition senkrecht eingegrabene Sandklaffmuscheln nicht ungefährlich, da sie unsichtbar vergraben dem Wattwanderer tiefe Schnittwunden zufügen können.

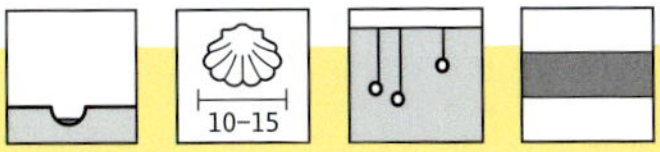

Abgestutzte Klaffmuschel

Mya truncata
Weichtiere

Merkmale: Sehr viel kleiner, mit bis zu 7 cm Schalenlänge, lebt in der Nordsee diese weitere Klaffmuschelart. Das Hinterende ihrer Schalenklappen ist gerade abgestutzt. Ansonsten unterscheidet sie sich lediglich durch ihre geringere Größe und die größere Farbvariabilität von der Sandklaffmuschel. Die etwas kräftigeren Schalen können von kalkweiß über gelblich braun bis hin zu bläulich weißen Farbtönen variieren. Die linke Schalenklappe bildet ebenfalls einen löffelartigen Fortsatz aus.

Vorkommen: Abgestutzte Klaffmuscheln siedeln etwas tiefer als die Sandklaffmuscheln stets unterhalb der Niedrigwasserlinie. Ihr Verbreitungsgebiet ist größer, sie besiedelt die nördlichen Meere inklusive der arktischen Gebiete über Grönland bis an die Ostküste Nordamerikas. In der gesamten Nord- und westlichen Ostsee findet man Abgestutzte Klaffmuscheln ebenso wie im Stillen Ozean an der Küste Vancouvers.

Wissenswertes: Auch Abgestutzte Klaffmuscheln leben eingegraben in weichem Schlick oder Sand und ernähren sich über ihr Atemrohr (Sipho) durch Einstrudeln von Wasser. Der Sipho kann bei herannahender Gefahr blitzschnell eingezogen werden, so dass kaum noch Hinweise auf die 20 cm tief im Sand lebenden Muscheln existieren. In der Lebendposition sind die Schalen senkrecht im Sand vergraben. Erst wenn die Muscheln abgestorben sind oder von einem Vogel ausgegraben wurden, werden die Schalen an den Strand gespült.

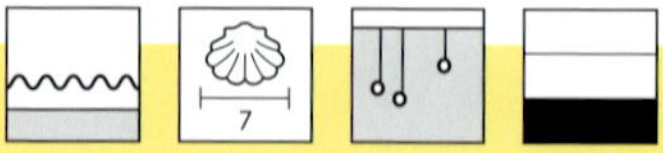

Dreiecksmuschel, Sägezähnchen

Donax vittatus

Weichtiere

Merkmale: Sägezähnchen sind kleine Muscheln mit einer kräftigen Schale. Die Form der gleichen Schalenklappen erinnert entfernt an ein schiefes Dreieck, was ihnen auch den Namen Dreiecksmuscheln eingebracht hat. Die Vorderkante ist stumpf gerundet und hat einen deutlich gesägten Rand (Name), das Hinterende verjüngt sich rasch. Die Oberfläche der in zahlreichen Farben vorkommenden Schalenklappen ist sehr filigran radiär (strahlenförmig) gerieft, gelegentlich glänzend und von feinen konzentrischen (kreisförmigen) Bändern überzogen. Sägezähnchen können bis zu 3 cm lang werden.

Vorkommen: Die kleinen Muscheln leben vereinzelt in der Nordsee in sehr geringer Tiefe eingegraben in feinem Sand. Sie werden jedoch oft in größeren Mengen angespült. Sägezähnchen besiedeln die ostatlantischen Küsten von Nordnorwegen bis zum Mittelmeer, sogar im Schwarzen Meer kann man die Schalen am Strand angespült finden.

Wissenswertes: Werden Sägezähnchen von der Brandung freigespült, können sie sich sehr schnell mit Hilfe ihres Fußes wieder eingraben. Tun sie dies nicht, werden die leichten Muscheln rasch mit der Strömung fortgespült oder sie fallen einem hungrigen Vogel zum Opfer. Oft findet man auch Sägezähnchen mit einem kreisrunden kleinen Loch in der Schale. Diese Muscheln wurden Opfer der Glänzenden Nabelschnecke (siehe Seite 153), die ein Loch in die Schale ihrer Beute bohrt und diese dann verdaut.

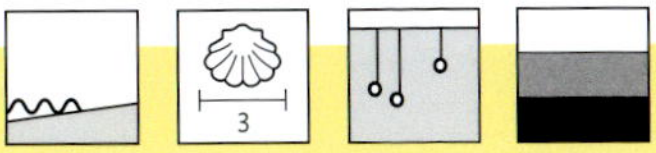

Bunte Kammmuschel

Chlamys varia
Weichtiere

Merkmale: Kammmuscheln sind auffällige und leicht erkennbare Muscheln. Sie haben leicht gewölbte, nahezu runde Klappen. In der Nähe des Wirbels werden zwei Ohren gebildet, die bei der Bunten Kammmuschel unterschiedlich groß sind. Während das vordere deutlich ausgebildet wird, scheint das hintere Ohr verkümmert. Die ansonsten gleich geformten Schalen sind von mehr als 30 radiären (strahlenförmigen) Rippen überzogen. Ihre „normale“ Farbe ist ein rötliches Braun, das wegen der Lebensweise im eisensulfathaltigen Wattboden oft tiefblau bis fast schwarz gefärbt ist. Die Schalen Bunter Kammmuscheln können bis zu sieben Zentimeter im Durchmesser messen.
Vorkommen: Kammmuscheln leben auf dem Meeresgrund, entweder frei oder mit ihren sogenannten Byssusfäden an festes Substrat angeheftet. Stets unterhalb der Niedrigwasserlinie, besiedeln sie die ostatlantischen Küsten von Norwegen bis zur Biskaya. In der tieferen Nordsee selten anzutreffen, findet man auf den westlichen friesischen Inseln wie Borkum und Juist vermehrt angespülte Schalen.
Wissenswertes: Kammmuscheln liegen oft mit leicht geöffneten Klappen auf einer Seite auf dem Meeresgrund und filtrieren mit ihren feinen Tentakeln Nahrungspartikel aus dem Wasser. Die freilebenden Muscheln können sich auf der Kante rollend nach dem Rückstoßprinzip auf dem Meeresgrund frei bewegen und sind in der Lage, bei ungünstigen Nahrungsbedingungen ihren Ort zu wechseln.

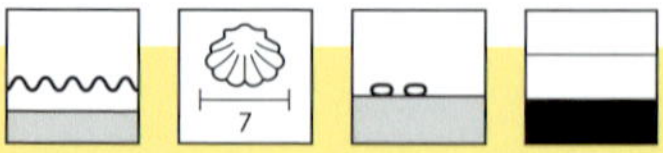

Europäische Auster

Ostrea edulis
Weichtiere

Merkmale: Die violetten bis schwarzblauen Schalen der Austern sind leicht erkennbar an heimischen Stränden. Bis zu 12 cm lang können sie werden. Innen sind sie mit schillerndem Perlmutt überzogen. Beide Klappen unterscheiden sich deutlich: Die untere, mit der die Muschel auf dem Untergrund festsitzt, ist kräftig gewölbt und unregelmäßig gefurcht, während die obere eben und flach ist, um den Strömungswiderstand zu reduzieren. Beide sind durch ihr blättriges Aussehen gekennzeichnet, dass durch das stete Wachstum der Klappen zustande kommt. Austern sind mit nur einem Schließmuskel (die meisten Muscheln haben zwei) ausgestattet.

Vorkommen: Früher auch an deutschen Nordseestränden heimisch, wurden die Austernbestände durch Überfischung stark dezimiert. So starben die letzten Austern nach strengen Eiswintern in den vergangenen Jahrzehnten aus. Allmählich erholen sich die Bestände. Von England bis nach Nordafrika und ins Mittelmeer hinein erstreckt sich das natürliche Verbreitungsgebiet der Europäischen Auster.

Wissenswertes: Austern kitten sich mit einer Art Zement auf felsigen Untergründen fest. Da diese nur strichweise vorkommen, spricht man von Austernbänken. Austern werden in Frankreich, Belgien, Holland und England in der Gezeitenzone gezüchtet. Sie gelten als Delikatesse und werden roh verzehrt. Stellenweise konnte sich die vor Sylt eingeführte **Pazifische Zuchtauster** (*Crassostrea pacifica*) vermehren und auf Muschelbänken ansiedeln.

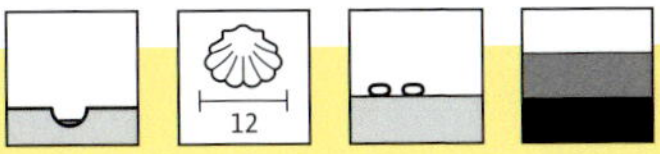

Stachelige Herzmuschel

Acanthocardia echinata

Weichtiere

Merkmale: Mit ihren bis zu 7 cm Schalenlänge ist die Stachelige Herzmuschel deutlich größer als die Essbare Herzmuschel und daher leicht von dieser zu unterscheiden. 18 bis 21 deutlich hervortretende, kräftige Rippen überziehen die stark gewölbte, braune oder weißblaue Schale. Längs der Rippen zieht sich auf dem First eine feine Furche vom Schloss zur Basis der Klappen. Auf ihnen stehen kräftige, teils hakenförmig umgebogenen Stacheln, die bei Strandfunden durch die Schürfkräfte der Wellen oft abgebrochen sind. Zwischen den radiären Rippen werden weite Zwischenräume gebildet.

Vorkommen: In schlickigen Feinsänden der tieferen Lagen leben die Muscheln eingegraben im Sand, über ihre Siphone (Atemrohre) mit dem offenen Meerwasser verbunden. Über Helgoland und die westliche deutsche Bucht entlang der Ostseite des atlantischen Ozeans vom Nordkap bis an die nordafrikanische Küste sind stachelige Herzmuscheln genauso anzutreffen wie auf Grönland, Island und im Mittelmeer. Sie fehlt dagegen in der Ostsee.

Wissenswertes: Die Rippen der Stacheligen Herzmuschel sind so kräftig, dass sie sogar auf der Innenseite der Schalenklappen in voller Länge zu sehen sind. Die Stacheln auf der Schale verankern die Muschel gut im Sand und erhöhen so den Widerstand, der die Muschel davor schützt, von Vögeln herausgezogen zu werden. Die Art ernährt sich als Strudler aus ihrem Atemwasser, indem sie feine Nahrungspartikel aus dem Wasser fischt.

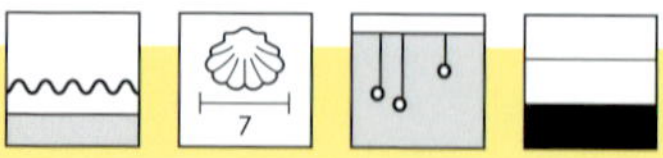

Essbare Herzmuschel

Cerastoderma edule
Weichtiere

Merkmale: Vor allem an der Anzahl der Rippen (24) und an ihrer Größe (nur bis 5 cm) ist die Essbare Herzmuschel von der vorigen Art zu unterscheiden. Die radiären Rippen sind konzentrisch (ringförmig) gestreift, sie sind zudem vor allem bei jüngeren Tieren mit feinen Schuppen besetzt. Die bauchigen Klappen haben, von vorne oder hinten betrachtet, eine herzartige Form, ihre Farbe ist sehr variabel und reicht von weißen über ockerfarbene bis hin zu tief dunkelblauen und gebänderten Exemplaren. Am Rand sind die Klappen gekerbt, die Rippen sind gerundet und nicht mit einer feinen Furche auf ihrem First versehen. Herzmuscheln haben allgemein eine sehr kräftige Schale.

Vorkommen: Essbare Herzmuscheln sind mit die häufigsten Muscheln an der deutschen Nordseeküste. Sie leben auf Sandböden im flachen Wasser oder im Watt. In der Nordsee nur in der Gezeitenzone, in der Ostsee siedeln sie sogar bis in 25 m Tiefe.

Wissenswertes: Herzmuscheln sind sehr bewegliche Tiere. Gräbt man eine Muschel aus, kann man sie dabei beobachten, wie sie sich rasch wieder in den Sand eingräbt. Ihre kurzen, getrennten Siphone (Atemrohre) sind nicht besonders lang, so dass die Muscheln in etwa 2 bis 4 cm Tiefe im Sand leben. Ihre Schalen bilden im Angespül an geschützten Stellen große Schillbänke, die einigen stark spezialisierten Vogelarten wie Sandregenpfeifern und Zwergseeschwalben ideale Brutmöglichkeiten bieten.

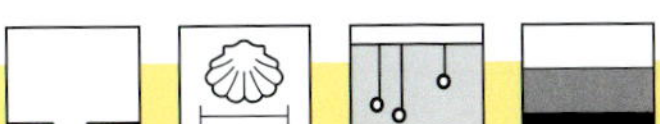

Gestreifte Venusmuschel

Chamelea striatula
Weichtiere

Merkmale: Im Gegensatz zu den Herzmuscheln wird die Venusmuschel durch konzentrische Ringe gekennzeichnet. Sie überziehen die ebenfalls herzförmigen, aber rundlicher wirkenden Schalen in feinen Bändern. Radiäre Streifen werden durch die bräunlichen Farbmuster hervorgerufen, sind aber keineswegs durch Rippen unterstützt. Die gewölbten und kräftigen Klappen der Muscheln werden bis zu 3 cm lang. Die Grundfarbe der Schalen ist ein schmutziges Weiß. Der Wirbel ist leicht zur Vorderseite versetzt.

Vorkommen: Als Charakterart besiedelt die Gestreifte Venusmuschel sandige Bereiche in etwa 15 m Wassertiefe. Aufgrund der lediglich dünnen Besiedlung werden Venusmuscheln auch verhältnismäßig selten am Strand gefunden. In der Nordsee und an den ostatlantischen Küsten heimisch, fehlt die Venusmuschel in der Ostsee. Lediglich bis in das Kattegatt und den Skagerrak reicht ihr Verbreitungsgebiet. Dort besiedelt sie sogar Sandböden bis in 100 m Tiefe.

Wissenswertes: Venusmuscheln leben häufig auf dem Sandboden. Sie sind in der Lage, mit ihrem Fuß zu springen, so dass sie ein wenig mobil sind und bei schlechten Lebensbedingungen rasch ihren Standort wechseln können. Ihre Ernährungsweise gleicht denen anderer Muscheln. Überwiegend strudeln sie ihre Nahrung ein und seihen mit ihren Kiemen verdauliche Bestandteile wie Plankton und andere Nahrungspartikel aus dem Atemwasser.

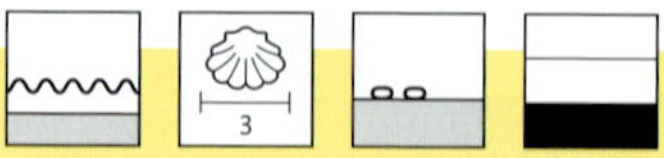

Norwegische Herzmuschel

Laevicardium norvegicum
Weichtiere

Merkmale: Die Norwegische Herzmuschel ist eine große Muschel, deren Schalen höher als breit sind. Durch den stark hervortretenden Wirbel entsteht eine dreikantige, leicht ovale Form. Der untere Rand ist lang ausgezogen und breit gerundet. Die kräftigen Schalen werden von etwa 40 feinen, sehr flachen Rippen überzogen, die kaum erkennbar sind. Durch Wellenschlag und Sand sind die Rippen oft gänzlich abgerieben. Farblich variieren die Schalen von leichtem Blau über gelblich braune Farbtöne bis hin zu leicht rötlichen Nuancen. Die Klappen können einen Durchmesser von 6 cm erreichen. Norwegische Herzmuscheln wirken zierlicher und zerbrechlicher als ihre nahen Verwandten, ihr Gehäuse ist nicht so stark aufgewölbt.

Vorkommen: Norwegische Herzmuscheln sind sehr seltene Vertreter in der Nordsee. Bedingt durch ihr ostatlantisches Verbreitungsgebiet sind sie häufiger auf den westlichen ostfriesischen Inseln zu finden. Weiter südlich sind sie bis an der nordafrikanischen Küste und auf den Kanarischen Inseln weitaus häufiger anzutreffen.

Wissenswertes: Schon der lateinische Name weist auf die Eigenschaft der Rippen hin, die den Muscheln eine eigene Gattung eingebracht hat: *levis* bedeutet glatt, *cardium* steht für Herz und soll die herzförmige Gestalt der Schalen beschreiben. Norwegische Herzmuscheln leben nach Funden in Norwegen in etwa 25 bis 35 m Wassertiefe. Dort besiedeln sie vorzugsweise schlickige bis feinsandige Böden.

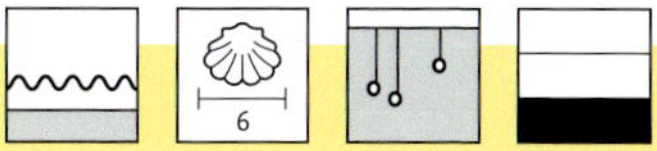

Islandmuschel

Arctica islandica
Weichtiere

Merkmale: Mit 10 bis 12 cm Schalenlänge ist die Islandmuschel eine der größten und kräftigsten Vertreter der Muscheln an heimischen Stränden. Die Klappen sind stark gewölbt, sehr dick und von einer dunkelbraunen bis schwarzen Haut überzogen. Diese kann bei alten Muscheln schwarz sein. Bei Strandfunden kommt es vor, dass sie aber teilweise bis vollständig abgerieben oder abgeplatzt ist. Dann tritt der weiße Kalk der Muschelschale leuchtend zum Vorschein. Ein leicht nach vorn gebeugter Wirbel schließt die runden, von feinen bis kräftigen konzentrischen Ringen überzogenen Klappen nach oben hin ab. Aufgrund ihrer Größe und der kräftigen Schalen ist die Islandmuschel eine sehr schwere Muschel. Sie ist an den Nordseestränden verhältnismäßig selten zu finden.

Vorkommen: Islandmuscheln leben knapp unter der Oberfläche im weichen schlickigen Sand vergraben. Bevorzugt bewohnen sie Flachwasserbereiche. Im offenen Meer besiedeln sie Schlickböden nur bis in wenige Meter Wassertiefe. Von der namengebenden Insel Island in der Arktis ist die kräftige Muschel bis zum Ärmelkanal und in der Nordsee verbreitet.

Wissenswertes: Islandmuscheln sind auch in der Ostsee anzutreffen. Dort sind die Individuen allerdings erkennbar kleiner als die Tiere in der Nordsee. Wenn ihr Vorkommen ausreichend ist, werden Islandmuscheln gefischt und als Delikatesse gegessen.

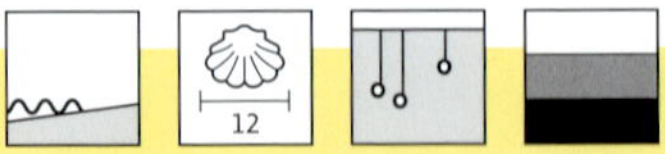

Artemismuschel

Dosinia exoleta

Weichtiere

Merkmale: Kreisrunde, weiße Klappen, die mit feinen konzentrischen Ringen überzogen sind, sind das Hauptmerkmal der Artemismuschel. Die Schalen sind kräftig, aber wenig aufgewölbt. Sie lassen die Muschel aussehen, als sei sie seitlich zusammengedrückt worden. Mit 5 cm Schalendurchmesser hat die seltene Artemismuschel ein eher kleines Gehäuse. Auf der Innenseite ist ein deutliches Schlossband (eine gezähnte Leiste, die den Schließmechanismus der Muschel unterstützt) ausgeprägt. Gelegentlich können die Schalen kleine braune Flecken aufweisen. Der Wirbel ist leicht nach vorn gebogen.

Vorkommen: Das Vorkommen der Artemismuscheln erstreckt sich von Nordnorwegen bis ins Mittelmeer. Sie bevölkern in der Nordsee und im Kattegat schlickige Feinsande, sind aber sehr spärlich verbreitet. Daher sind sie auch selten zu finden. Fest im Schlick vergraben besiedelt die Art mäßig tiefes Wasser. Im Gegensatz zu der sehr ähnlichen, aber kleineren *D. lincta*, deren leere Schalen man bei Helgoland häufig finden kann, fehlt die Artemismuschel bei Island und den Faröer-Inseln.

Wissenswertes: Artemismuscheln errichten ihre Wohnbauten in schlickigem Schotter oder in Muschelschillbänken. Sie besiedeln mittelharte Böden von der Gezeitenzone abwärts bis in Tiefen von 100 m. Artemismuscheln ernähren sich überwiegend als Strudler, die mit ihren Kiemen feine Nahrungspartikel oder Plankton aus dem Atemwasser filtrieren.

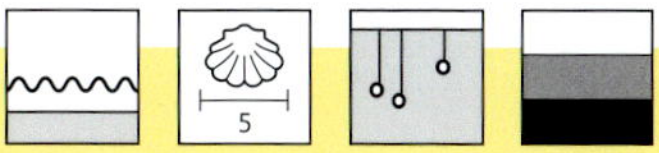

Getupfte Teppichmuschel

Venerupis pullastra
Weichtiere

Merkmale: In zahlreichen Farben ist die Teppichmuschel oft in Schillbänken zu finden. Feine braune Tupfen zieren die Schalen und gaben ihnen den Namen. Die eckig-eiförmige Gestalt ist einzigartig und die Muscheln daher gut zu erkennen. Die Außenseiten der etwa 7 cm großen Schalen sind fein strahlenförmig gestreift, auch überziehen dünne konzentrische (ringförmige) Linien die Klappen.
Vorkommen: Teppichmuscheln bewohnen Orte mit starker Strömung. Tief in den groben Sand eingegraben trotzen sie den kräftigen Oberflächenbewegungen, gewährleisten sich dadurch aber stets ausreichende Frischwasserzufuhr. Sie siedeln bevorzugt im flachen Wasser, allerdings immer unterhalb der Niedrigwasserlinie. Auf der Ostseite des Atlantiks von Norwegen bis ins Mittelmeer verbreitet. Fehlt in der Ostsee.

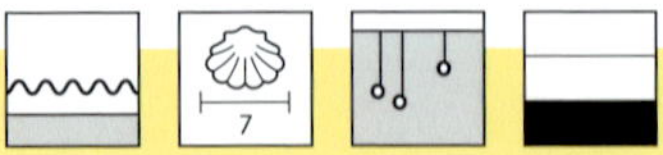

Eemmuschel

Venerupis senescens
Weichtiere

Merkmale: Ähnlich, aber mit kräftigeren, gleichmäßiger gestalteten Schalen, die teilweise tiefe konzentrische Furchen aufweisen, ist die Eemmuschel. Ihre Schalen werden nahezu ebenso häufig am Strand gefunden. Auch sie kommen in zahlreichen Farbvarianten vor, doch dominieren hier weiße und gelblich-braune Farbtöne. Eemmuscheln haben etwas kleinere Klappen.
Vorkommen: Während die Getupfte Teppichmuschel noch zahlreich die gröberen Sände der Nordsee bewohnt, wird man lebende Eemmuscheln vergeblich suchen. Jene bewohnte während der Eem-Warmzeit vor 128 000 bis 117 000 Jahren die Gebiete der Nordsee, als das Eem-Meer diese überflutete.
Wissenswertes: Alle Schalen, die am Strand gefunden werden, sind fossile Überreste dieser im Quartär häufigen Muschel.

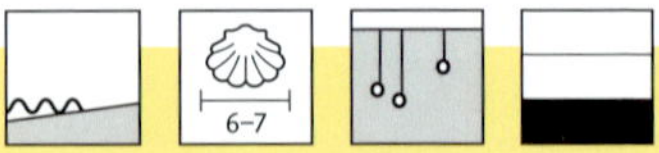

Astarte

Astarte borealis
Weichtiere

Merkmale: Astarten sind kleine braune Muscheln, die mit einer Schalenlänge bis maximal 4,5 cm nicht sonderlich groß werden. Ihre kräftige weiße Schale ist von einer festen braunen Haut überzogen. Diese ist bei Strandfunden gelegentlich abgerieben oder am unteren Rand oft abgeschlagen. Als fein konzentrisch (ringförmig) gestreifter Überzug gibt sie der Astarte ihr charakteristisches Aussehen. Der kräftige und vor der Mitte stehende Wirbel ist auf der Innenseite durch ein starkes Schlossband stabilisiert. Beide Klappen sind gleich und an beiden Enden gleichmäßig abgerundet. Die rundlichen Schalen glänzen auf der Außenseite.
Vorkommen: Als typische Vertreter der Ostsee leben Astarten auf Weichböden in den tieferen Bereichen der See. Dort ernähren sie sich als Strudler von Nahrungspartikeln, die sie aus ihrem Atemwasser filtern. In der Nordsee kommen Astarten vereinzelt in den nördlichen Bereichen von Dänemark und Schleswig-Holstein vor.
Wissenswertes: Astarten gelten als Relikte der letzten Eiszeit und der ihr folgenden Warmzeit. Sie breiteten sich dem allmählich zurückweichenden Eis folgend in Richtung der Eiskappen der Pole aus. So konnten sie ein zirkumpolares Verbreitungsgebiet besiedeln. Auch heute leben sie noch in den kälteren Regionen der Meere. Es gibt mehrere verschiedene *Astarte*-Arten, die sich alle sehr ähnlich sehen und deren Unterscheidung daher nicht so einfach ist.

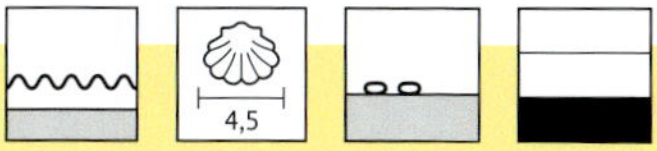

Große Pfeffermuschel

Scrobicularia plana
Weichtiere

Merkmale: Pfeffermuscheln haben sehr zarte Schalen, die wenig gewölbt sind. Dadurch lassen sie die Muschel wie zusammengedrückt aussehen. Normalerweise sind die Schalen strahlend weiß bis leicht gräulich verfärbt. Durch verschiedene Einlagerungen kommen allerdings auch Schalen in bläulichen oder gelblichen bis rostbraunen Farbtönen vor. Die sich gleichenden Klappen sind regelmäßig oval geformt, auf ihnen sind feine konzentrische (ringförmige) Anwachsstreifen zu erkennen, die bei Strandfunden gelegentlich abgerieben sein können. In der Länge messen die dünnen Schalen etwa 5,5 cm.

Vorkommen: Von Nordnorwegen bis ins nördliche Afrika besiedeln Pfeffermuscheln Flachwasserbereiche. In der Nord- und Ostsee bevorzugen sie die schlickigen Gebiete der Gezeitenzone.

Wissenswertes: Aufgrund ihrer tief im feinsandigen Schlick eingegrabenen Lebensweise war es für die Pfeffermuscheln nicht notwendig, eine stabile und kräftige Schale zu entwickeln. Mit zwei langen Siphonen (Atemrohren) hält die Muschel Kontakt zur Oberfläche des Meeresbodens. Dadurch sorgt sie für ausreichend frisches Atem- und Nahrungswasser. Der Einströmsipho ist lang und sehr beweglich. Mit ihm zieht die Muschel die Nahrung von der Oberfläche ein. Dabei tastet sie wie mit einem Elefantenrüssel den Bereich rund um ihren Wohngang ab und saugt Kleinstlebewesen und Kieselalgen (Diatomeen) ein. So entstehen sternförmige Fressspuren auf dem Meeresgrund und dem Wattboden.

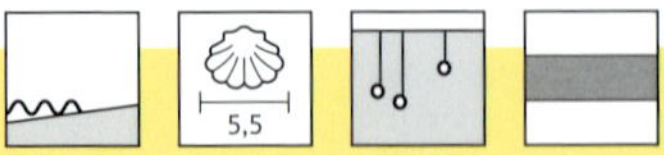

Strahlenkörbchen

Mactra corallina
Weichtiere

Merkmale: Strahlenkörbchen wurden deshalb so getauft, weil auf der Außenseite ihrer Schalen bräunlich rote oder gelbe radiäre Streifen vom Wirbel zur Außenkante „strahlen“. Die ovalen Schalen selbst sind recht dünn, aber sehr stark gewölbt und unterscheiden sich dadurch deutlich von denen der Pfeffermuschel. Sie werden zudem von einem feinen, nicht immer sichtbaren Muster aus konzentrischen (ringförmigen) Streifen überzogen, die sich schwach von dem hellen Gehäuse abheben. Durch einen kräftiger hervortretenden Wirbel wirken die Schalen nicht so rund wie die der ähnlichen Pfeffermuschel. Die Innenseite der bis zu 6 cm langen Schalen ist oft lebhaft violett gefärbt.
Vorkommen: Von der südlichen Spitze Norwegens sind die Strahlenkörbchen weit nach Süden verbreitet. In der deutschen Bucht sind sie sehr häufig anzutreffen, die Ostsee haben sie dagegen nicht besiedelt. Die bunten Muscheln bewohnen feine oder schlickige Sande in geringen Tiefen. Zumeist leben sie auf deren Oberfläche und sind höchstens eingespült, graben aber nicht selbst.
Wissenswertes: Dadurch, dass sich die Muscheln oft auf der Oberfläche in mäßig tiefem Wasser aufhalten, kann es vorkommen, dass sie von Stürmen oder kräftigen Tiden freigespült und noch lebend auf den Strand verdriftet werden. Sie sind dann eine leichte und willkommene Beute für Seevögel wie Austernfischer und Möwen.

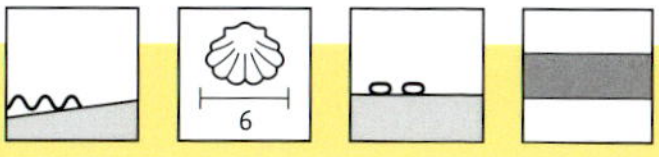

Ovale Trogmuschel

Spisula solida
Weichtiere

Merkmale: Die Ovale Trogmuschel ist mit äußerst kräftigen Schalen ausgestattet. Sie sind regelmäßig geformt, als bildeten sie ein ovales Dreieck. Beide Klappen sind gleich, ihre Oberfläche ist mit kräftigen konzentrischen (ringförmigen) Streifen überzogen, die durch eine Schichtung des Materials beim Wachstum entstehen. Der Wirbel liegt bei dieser Muschel etwa in der Mitte des Hinterrandes der Schale. Das Gehäuse kann bis zu 6 cm Schalenlänge erreichen. Die Zeichnung auf der Innenseite, die den Abdruck des Muschelkörpers darstellt, ist undeutlich ausgeprägt. Überwiegend sind Ovale Trogmuscheln weiß gefärbt, allerdings können auch alle möglichen Farbvariationen auftreten.

Vorkommen: Trogmuscheln leben in gröberem Sand in Tiefen zwischen 10 und 50 m. Sie sind sehr häufig in der deutschen Bucht anzutreffen, besiedeln aber auch das Kattegatt. Von Island und Norwegen trifft man die Ovalen Trogmuscheln an allen europäischen Stränden bis ins Mittelmeer an, solange genügend sandiger Lebensraum vorhanden ist. An Fels- und Granitküsten wird man die Muscheln vergeblich suchen.

Wissenswertes: Ovale Trogmuscheln sind trotz ihrer kräftigen Schalen eine willkommene Beute für Großmöwen. Diese lassen, um an das schmackhafte Innere zu gelangen, die Muscheln aus großer Höhe auf einen Stein fallen, so dass deren Schalen bersten. Ovale Trogmuscheln breiten sich immer weiter aus und dringen allmählich auch in die Ostsee ein.

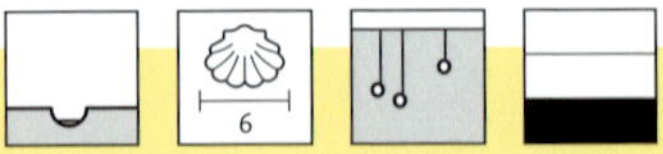

Gedrungene Trogmuschel

Spisula subtruncata
Weichtiere

Merkmale: Gedrungene Trogmuscheln unterscheiden sich von der vorigen Art vor allem durch die etwas dünnere, aber dafür mehr hervorgewölbte Schale. Sie weisen einen etwas vor der Mitte gebildeten Wirbel sowie eine deutlichere Zeichnung auf der Innenseite der Schalen auf. Sie sind regelmäßiger und weniger rundlich geformt, als bildeten sie ein Dreieck mit runden Ecken. Grundsätzlich weiß gefärbt, können die Schalen durch Einlagerungen dicke konzentrische (kreisförmige) Streifen in diversen Farbvariationen aufweisen. Gedrungene Trogmuscheln erreichen bis zu 3 cm lange Schalen.

Vorkommen: Von Norwegen an der Ostseite des Atlantiks entlang bis ins Mittelmeer und ins Schwarze Meer haben sich die Gedrungenen Trogmuscheln weithin ausgebreitet. Mit Vorliebe besiedeln sie flache Feinsande und Schlicke. Lediglich die Ostsee ist von ihnen nicht bevölkert worden.

Wissenswertes: Gelegentliche Massenentwicklungen prägen den Charakter dieser Art. Oft kommen Gedrungene Trogmuscheln auf Feinsänden in sehr hoher Dichte vor. Sie bilden aufgrund ihres bevorzugten Siedlungsbereiches im Flachwasser eine Lieblingsspeise für Schollen und damit eine ihrer Hauptnahrungsgrundlagen. Die Schalen der Trogmuscheln sind aufgrund ihrer Dicke und der Wölbung sehr stabil und widerstehen sogar hohem Druck. Oft werden die Gedrungenen Trogmuscheln Opfer der Nabelschnecke (siehe Seite 153), die die Muscheln mit ihrer Raspelzunge anbohrt und sich deren Inneres einverleibt.

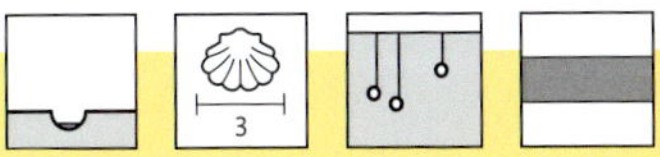

Baltische Plattmuschel

Macoma balthica

Weichtiere

Merkmale: Diese auch als Rote Bohne bezeichnete Muschel ist sehr leicht an ihrem rötlichen oder gelben Gehäuse zu erkennen. Die zarten kleinen Schalenklappen sind weiß und mit mehr oder weniger breiten, roten oder gelben konzentrischen Streifen verziert. Innen leuchten sie lebhaft rot oder gelb. Mit maximal 3 cm Schalenlänge ist die Art ein kleiner Vertreter der Muschelwelt heimischer Strände. Meist findet man Exemplare, die nur 1 cm groß sind. Die rundlichen Schalen verjüngen sich an ihrem Hinterende zu einer stumpfen Spitze. Sie sind sehr dünn und leicht zerbrechlich.

Vorkommen: An heimischen Küsten besiedeln Plattmuscheln die Sände und schlicksandigen Mischböden in geringer Wassertiefe. Sie sind jedoch weit verbreitet: An beiden Seiten des atlantischen Ozeans sind die zarten Muscheln anzutreffen, südlich bis hinunter nach Madeira. Nord- und Ostsee werden stark besiedelt, auf Island und den Färöern fehlt sie dagegen.

Wissenswertes: In der Nordsee trifft man Baltische Plattmuscheln nur bis in 15 m Tiefe an, in der Ostsee bewohnt sie auch Sandbänke in 140 m Tiefe. Als typisch boreale Form (der nördlichen, kaltgemäßigten Region) ist sie der wichtigste Vertreter der Weichtierfauna der Ostsee und dort ausgesprochen häufig. Die zarten Baltischen Plattmuscheln liegen eingegraben im Sand auf der rechten Schalenklappe und stecken nicht senkrecht im Schlick. Mit Siphonen (Atemrohren) halten sie Kontakt zum Seewasser über dem Meeresboden.

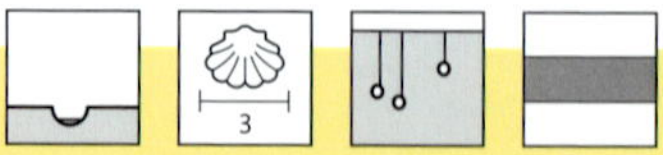

Platte Tellmuschel

Angulus tenuis
Weichtiere

Merkmale: Platte Tellmuscheln zeichnen sich durch breit ovale Schalenklappen aus, die flach hervorgewölbt sind. Sich an ihrem Hinterende verjüngend, bilden sie dort eine stumpfe Spitze. Die zarten Schalen sind meist schmutzig weiß gefärbt und durch feine konzentrische Rippen farbig gestreift. Durch verschiedene Einlagerungen während des Schalenwachstums kann die Schale variabel gefärbt sein. Neben Weiß kommen rote, gelbe, bräunliche und grünliche Farbtöne vor. Die Schalenlänge erreicht etwa 2,5 cm und ist von einer tiefen Mantelbucht im Innern gekennzeichnet.

Vorkommen: Die Platten Tellmuscheln sind sehr häufig in der Nordsee. Sie leben bis zu 6 cm tief eingegraben in feinen, gut überströmten Grobsänden in geringer Tiefe, jedoch stets unterhalb der Niedrigwasserlinie. Sie kommen sowohl in der Nordsee als auch über den Ärmelkanal hinaus im Atlantik und im Mittelmeer vor.

Wissenswertes: Platte Tellmuscheln erreichen bei ähnlichen Lebensansprüchen nicht die Bestandsdichte der ähnlichen **Gerippten Tellmuschel** (*A. fabula*). Die rechte Klappe der Gerippten Tellmuschel wird zusätzlich von feinen schrägen Rippen verziert. Sie gilt als die häufigste Muschel in der deutschen Bucht und bewohnt feine Schlickböden. Beide Tellmuscheln stellen aufgrund ihrer großen Besiedlungsdichte für viele Plattfische wie Schollen und Seezungen eine wichtige Nahrungsquelle dar.

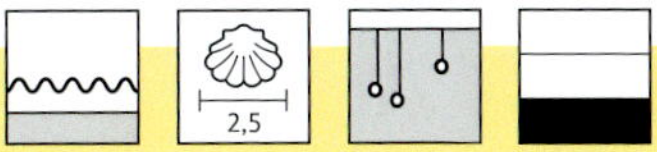

Algen und Tiere in Angespül und Watt

Meersalat

Ulva lactuca

Grünalgen

Merkmale: Der Meersalat besitzt einen kräftig dunkelgrünen Thallus (Pflanzenkörper), der einem Salatblatt ähnelt. Die Thalli können eine Länge von bis zu 80 cm erreichen. Ihre unregelmäßig ovale Gestalt, der gewellte Blattrand und der häutige Pflanzenkörper sind ihre deutlichsten Kennzeichen. Diese sehr dünne Grünalge ist innen nicht hohl, die beiden Zellschichten, die den Algenkörper bilden, sind miteinander verbunden. Gelegentlich irisieren die flachen Blätter in der Sonne.

Vorkommen: Meersalat ist eine der häufigsten Grünalgen an unseren Küsten. In der Gezeitenzone siedelt er auf felsigem Untergrund, auf dem er sich mit einem kleinen Saugnäpfchen anheftet. Oft werden durch Stürme große Mengen Meersalat von den Steinen und Buhnen abgerissen und an den Strand gespült. Meersalat gibt es nahezu auf der ganzen Welt, bei uns findet man ihn auf Helgoland und an steinigen Abschnitten des Wattenmeeres (gelegentlich wächst er auf Buhnen unterhalb der Hochwasserlinie).

Wissenswertes: Das Blatt des Meersalates besteht nur aus zwei direkt übereinander liegenden Zellschichten. Die Zellen sind isodiametrisch, das bedeutet, dass sie an allen „Kanten“ die gleiche Länge haben. In einigen Bereichen des Gewebes wandelt sich der Zellinhalt in Geschlechtszellen um, die sich ablösen und dann forttreiben. Bereiche, die Fortpflanzungszellen gebildet haben, bilden dann weiße oder transparente Flecken.

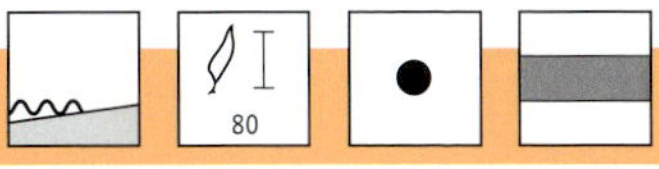

Flacher Darmtang

Enteromorpha compressa

Grünalgen

Merkmale: Im Gegensatz zum Meersalat kann der Thallus (Pflanzenkörper) des Darmtanges verzweigt sein, bis zu 20 cm lang können die schlauchartigen und am Rand gewellten Algen werden. Dabei ist ihr frisch grüner Körper selten breiter als 2 cm.

Vorkommen: Darmtange kommen als Kosmopoliten auf der ganzen Erde vor. Sie besiedeln bevorzugt feste Untergründe an der Hochwasserlinie. Auf Helgoland auf Felsen, im übrigen Wattenmeer auf Hartböden und Steinmolen.

Wissenswertes: Der Flache Darmtang ist anders als der Meersalat innen hohl (Name). Dies ist ertastbar, wenn man mit den Fingern die einzelligen Ober- und Unterseiten des Thallus gegeneinander zu verschieben versucht. Gelegentlich sind Gasblasen eingeschlossen.

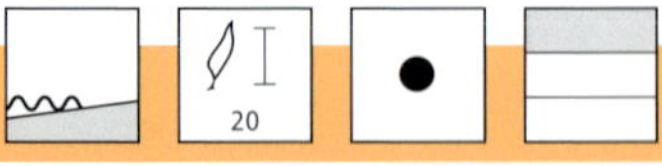

Kleiner Röhrentang

Blidingia minima

Grünalgen

Merkmale: Gelbgrün und zierlich überziehen Röhrentange Felsen und Steine nahe der Hochwasserlinie. Ihr schmaler Thallus ist selten länger als 6 cm und meist um 3 mm breit. Die gewellten Schläuche, die am Grund verzweigt sein können, sind hin und wieder mit Gasblasen gefüllt.

Vorkommen: An der Hochwasserlinie kennzeichnet ein grünes Band den Lebensraum des Kleinen Röhrentangs. Weitverbreitet besiedelt diese kleine Grünalge das Europäische Nordmeer, die Nordsee und die Ostsee.

Wissenswertes: Wie ein feiner Pelz überziehen die kleinen grünen Schläuche die Felsen und Molen im Bereich zwischen Flutmarke und Spritzwasserzone. Fest an den Felsen geheftet, trotzen sie der Brandung des Meeres. Trockenfallen schadet den Algen nicht.

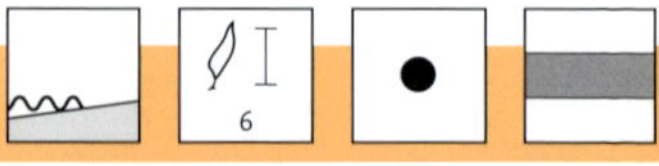

Zuckertang

Laminaria saccarina
Braunalgen

Merkmale: Der olivbraune, ledrige Zuckertang besitzt einen geraden, ungeteilten und bis zu 4 m langen Thallus, dessen Ränder oft gewellt sind. Eine Unterteilung in Phylloid („Blatt“) und Cauloid („Stängel“) ist schwierig. Der Thallus ist oft mit einer dünnen Schleimschicht überzogen.
Vorkommen: Zuckertange sind mehrjährige Algen, die in der Nordsee auf felsigen Böden in der unteren Gezeitenzone und tiefer vorkommen. An den friesischen Küsten kann man oft abgerissene Tange finden, deren Größe beeindruckend ist. An atlantischen und europäischen Felsküsten häufig.
Wissenswertes: Helgoland wird im Sublitoral von weitläufigen *Laminaria*-Wäldern umgeben, die bei Niedrigwasser zu sehen sind. Sie haben eine artenreiche Fauna und sind Kinderstube für viele Fisch- und Krebsarten.

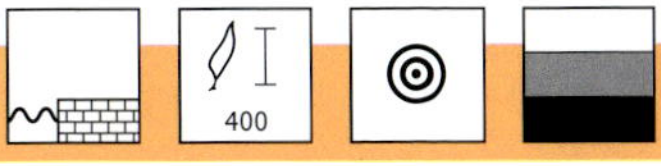

Palmentang

Laminaria hyperborea
Braunalgen

Merkmale: Der Palmentang hat einen tief geschlitzten, nahezu regelmäßig handförmig geteilten Thallus. Dieser sitzt einem kräftigen Cauloid („Stängel“) auf. Die ganze Alge kann bis zu 2,70 m lang werden, die Breite des blattartigen Phylloids liegt bei 30 bis 50 cm.
Vorkommen: Wie der Zuckertang kommt auch der Palmentang auf felsigen Böden unterhalb MTNW vor. Ebenso bildet er an atlantischen und europäischen Felsküsten häufig untermeerische Wälder.
Wissenswertes: Gelegentlich wird an der friesischen Küste auch der **Fingertang** (*L. digitata*) angespült. Er unterscheidet sich vom Palmentang durch die Basis des Phylloids. Beim Fingertang ist der Übergang zwischen Cauloid und Phylloid fließend, während beim Palmentang der untere Rand des Phylloids herzförmig eingebuchtet ist.

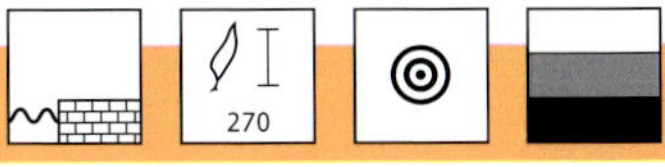

Sägetang

Fucus serratus
Braunalgen

Merkmale: Gabelig verzweigte, dunkelbraune, ledrige Thalli kennzeichnen den Sägetang. Die scharf gesägten Äste sind flach und werden von einer prominenten Mittelrippe durchzogen. Sie können zwischen 10 und 80 cm lang werden und sind mit kleinen Haargruben besetzt. Gelegentlich sind die Spitzen gelblich ausgeblichen.
Vorkommen: Mit einer Haftscheibe sind die Tange in großen Beständen auf Felsen oder Molen angeheftet. In der unteren Gezeitenzone besiedelt der Sägetang felsige Küsten und Hafenanlagen. An felsigen Abschnitten der ostatlantischen Küsten und auf Granit- und Sandsteinküsten von Nord- und Ostsee.
Wissenswertes: Die Vermehrung erfolgt über durch Geißeln bewegliche Zoosporen. Männliche und weibliche Sporen werden auf verschiedenen Pflanzen gebildet.

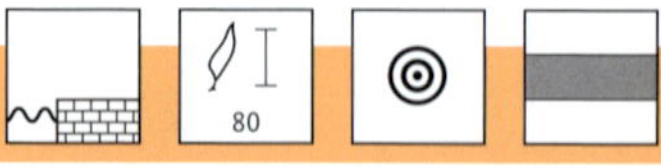

Gabeltang

Fucus spiralis
Braunalgen

Merkmale: Die Äste des Gabeltangs sind am Rand glatt oder höchstens stumpf gebuchtet. Eine ansehnliche Mittelrippe kennzeichnet die derben, gabelig verzweigten Thalli. Die Äste sind flach und ihre Spitzen gelblich ausgeblichen. Der Gabeltang bildet an den Spitzen der Äste mit Gallerte gefüllte Blasen aus, die als Schwimmkörper dienen.
Vorkommen: Gabeltange heften sich mit ihrer Haftscheibe in der oberen Gezeitenzone an Molen und Buhnen an. Felsige Abschnitte der atlantischen Küsten und von Nord- und Ostsee sind ihre Heimat.
Wissenswertes: Ähnlich ist der **Blasentang** (*F. vesiculosus*), dessen mit Gallerte gefüllte Blasen innerhalb seiner Thalli und am Stiel ausgebildet werden und sich deutlicher absetzen. Er besiedelt die mittleren Bereiche der Gezeitenzone.

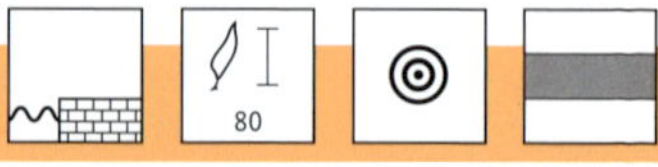

Knotentang

Ascophyllum nodosum
Braunalgen

Merkmale: Der Knotentang ist eine der häufigsten Braunalgen an unseren Küsten. Die flachen, zwischen 50 und 150 cm langen Zweige haben keine Mittelrippe, sind aber ebenso derb wie die der *Fucus*-Arten. Sie sind unregelmäßig verzweigt und von oliv- bis dunkelbrauner Farbe. Die Oberfläche ist glatt und wird nicht durch Haargruben unterbrochen. In den Hauptachsen werden große ovale Gasblasen angelegt.
Vorkommen: In der mittleren Gezeitenzone wächst der Knotentang vergesellschaftet mit Blasentang, von dem er aber gut zu unterscheiden ist. Auf harten Böden, Felsen oder Hafenanlagen heften sich die Algen mit Hilfe einer kleinen Haftscheibe fest. Im Nordatlantik und in der Nordsee häufig, kommt er in der Ostsee selten vor.

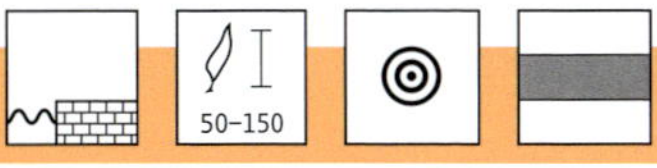

Japanischer Beerentang

Sargassum muticum
Braunalgen

Merkmale: Einer dunkelbraunen, kräftigen Hauptachse entspringen viele filigrane Seitenäste, die mit zahlreichen Gasblasen besetzt sind. Die kleinen gelblichen „Beeren" der Alge sind keine Früchte, sondern Auftriebskörper, mit denen sich die Alge unter Wasser aufrecht hält.
Vorkommen: Beerentang siedelt auf Hartsubstraten, ersatzweise muss die eine oder andere Auster herhalten. Die Algen leben in der unteren Gezeitenzone und darunter.
Wissenswertes: In den 1980er Jahren wanderte der Japanische Beerentang als blinder Passagier auf Zuchtaustern aus Asien in die Nordsee ein. In den Sommermonaten werden die Seitenäste abgeworfen. Monatelang im Wasser treibend, produzieren sie fortwährend Fortpflanzungszellen, so dass die Jungalgen auch entlegene Meeresgebiete besiedeln.

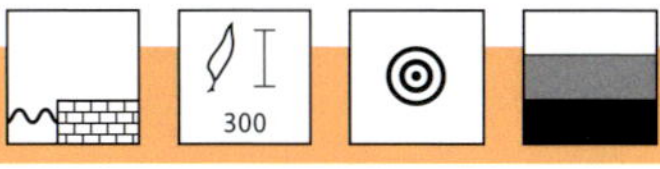

Hauttang
Porphyra sp.
Rotalgen

Merkmale: Die Algen haben häutige und rötliche Thalli, deren Form von lanzettlich bis rundlich stark variabel ist. Die Arten sind meist schwer zu trennen und werden nach ihrer Form in vier heimische Arten getrennt. Die Thalli schmiegen sich bei Niedrigwasser komplett dem Substrat an. Unter Wasser werden sie von der Strömung leicht bewegt.
Vorkommen: Die rötlichen Algen leben auf Felsen, je nach Art in der oberen oder mittleren Gezeitenzone, stellenweise auf oder über dem Niveau des Blasentangs. Sie sind an den nördlichen Atlantikküsten weit verbreitet.
Wissenswertes: *Porphyra*-Algen werden in Asien in großem Stil gezüchtet und angebaut, da Algen dort ein wichtiges Nahrungsmittel sind. Viele Inhaltsstoffe von Algen finden Anwendung in Kosmetik, Arznei- und Lebensmitteln.

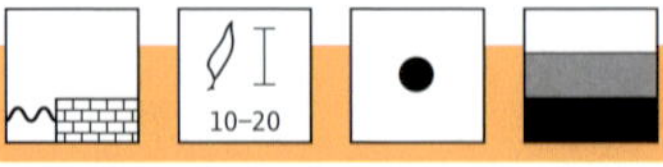

Knorpeltang
Chondrus crispus
Rotalgen

Merkmale: Eine sehr formenreiche Art stellt der Knorpeltang dar. Seine Thalli sind ledrig-derb, knorpelig und können Längen bis 15 cm erreichen. Die flächigen Äste sind zumeist keilförmig verzweigt, die Ränder der „Lappen" gebuchtet und kräuselig gewellt. Braunrot oder purpurrot leuchten sie bei Sonnenschein. Durch ihre stabilen Thalli stehen die Pflänzchen meist aufrecht.
Vorkommen: Der Knorpeltang besiedelt hartgründige Bereiche in der unteren Gezeitenzone, in der er nicht so oft trockenfällt. Oft ist er aber auch viel tiefer anzutreffen. Felsige Untergründe und Molen oder Buhnen an den atlantischen Küsten Frankreichs, Englands und der Nordsee sind sein Lebensraum. Ebenso ist der Knorpeltang inzwischen in der westlichen Ostsee anzutreffen.

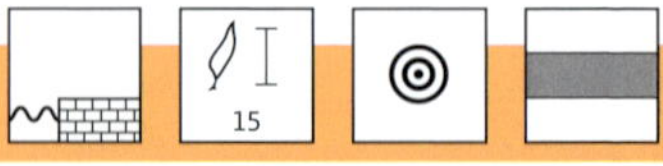

Meeresleuchten

Noctiluca sp.
Dinoflagellaten

Merkmale: Als Meeresleuchten werden Lichterscheinungen bezeichnet, die durch eine große Ansammlung von Mikroorganismen ausgelöst werden. Diese Mikroorganismen sind in der Mehrzahl Dinoflagellaten der Gattung *Noctiluca* (Foto: im Mikroskop): große, einzellige, durch Geißeln aktiv bewegliche Algen. Sie besitzen die Fähigkeit zur Biolumineszenz, d. h. sie sind in der Lage, energiearmes Licht zu erzeugen. Dabei scheint das Meerwasser zu leuchten. Tatsächlich leuchtet aber nicht das Meer selbst, sondern die im Seewasser in großer Zahl treibenden, etwa 0,5 mm großen Einzeller. Sie senden nach Berührungsreiz mehr oder weniger lang andauernde Lichtsignale aus.
Vorkommen: *Noctiluca*-Algen sind weltweit in allen Meeren verbreitet. In lauen, nahezu windstillen Sommernächten leuchten sie auch in Küsten- und Strandnähe blaugrün phosphoreszierend. Jedoch kann das Vorkommen der Tiere und damit das Leuchten in einigen Jahren ausbleiben, um dann in den folgenden Jahren wieder wie gewohnt zu erscheinen.
Wissenswertes: Das Leuchten entsteht durch eine chemische Reaktion zweier Enzyme: Luziferin und Luziferase. Wird der Organismus durch Wellen oder einen schwimmenden Menschen in Bewegung versetzt, reagieren diese beiden Enzyme mit Sauerstoff und erzeugen ein blaugrünes Licht. Zahlreiche Meeresorganismen sind imstande, dieses Leuchten hervorzurufen. Seine biologische Funktion ist jedoch nicht immer bekannt. Oft dient es dem Beutefang oder der Partnersuche.

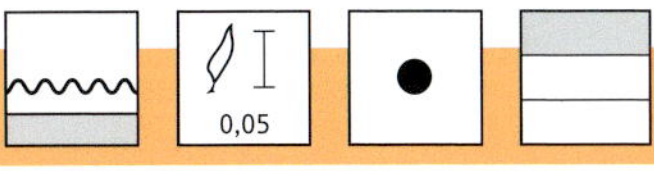

Seestachelbeere

Pleurobrachia pileus
Rippenquallen

Merkmale: Seestachelbeeren sind 2 bis 3 cm messende, rundlich-eiförmige Rippenquallen. Ihr gallertartiger Körper ist komplett durchscheinend und von acht breiten Wimpernfeldern, den „Rippen“, überzogen. Zwei lange Tentakel, die bei gestrandeten Tieren nicht zu sehen sind, dienen ihnen zum Beutefang.
Vorkommen: Seestachelbeeren treten im Nordatlantik und damit auch in der Nordsee häufig auf. Sie sind in der Ostsee eher vereinzelt anzutreffen.
Wissenswertes: Seestachelbeeren können biologisches Leuchten erzeugen und sind mitunter in der Lage, wenn sie in Schwärmen auftreten, Meeresleuchten zu erzeugen. Ihre Beute, kleine Plankton-Lebewesen, „fischen“ sie mit ihren langen, nahezu unsichtbaren Tentakeln. Sie sind mit den „normalen“ Quallen nur entfernt verwandt.

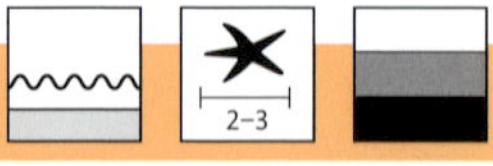

Blumenkohlqualle

Rhizostoma octopus
Echte Quallen

Merkmale: Wurzelmund- oder Blumenkohlquallen haben eine bis 60 cm große, halbkugelige Glocke, deren Rand gelappt ist. Sie besitzen keine Tentakel, stattdessen wird ihre Mundöffnung von acht Lappen umgeben, deren Ränder stark gekräuselt sind und zahlreiche Öffnungen zur Planktonaufnahme tragen. Glocke, Randlappen und die Spitzen der Mundarme sind kräftig blau gefärbt.
Vorkommen: Wurzelmundquallen sind eher an den südeuropäischen und englischen Küsten verbreitet, können aber in einigen Jahren auch zahlreich in die Nordsee einwandern. In der Ostsee sind sie nur vereinzelt anzutreffen.
Wissenswertes: Wurzelmundquallen, die in die Nordsee treiben, sind meist kleinere Tiere, deren Glockendurchmesser selten über 30 cm liegt.

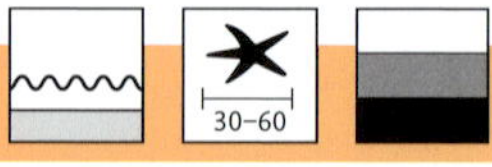

Kompassqualle
Chrysaora hysoscella
Echte Quallen

Merkmale: Eine kreisrunde Qualle mit sehr flachem, nahezu scheibenförmigem Schirm, deren Durchmesser bei ausgewachsenen Tieren um 30 bis 40 cm beträgt. Kompassquallen besitzen ziemlich dicke Randtentakel und vier am Rand gekräuselte Mundlappen. Ihr Schirm ist milchig weiß, gelegentlich gelblich. Eine stark variable braune Strichzeichnung bedeckt die Oberseite. Die radiären Striche, eine Windrose nachbildend, gaben der Qualle ihren Namen.
Vorkommen: Nordatlantische Küsten bis nach Frankreich besiedelt die Kompassqualle zahlreich, in großen Scharen erscheint sie vor allem im August und September häufig an den Stränden.
Wissenswertes: Die Kompassqualle wird in der Ostsee nur sehr vereinzelt beobachtet.

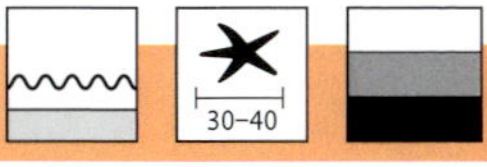

Ohrenqualle
Aurelia aurita
Echte Quallen

Merkmale: Ohrenquallen besitzen einen flachen, wenig aufgewölbten Schirm, deren Durchmesser bei ausgewachsenen Tieren etwa 30 cm beträgt. Sie erhielten ihren Namen durch die vier rötlich oder bläulich durch den transparenten Schirm scheinenden Geschlechtsorgane. Zahlreiche feine Tentakel entspringen dem Rand des Schirms, die vier Mundarme sind kurz, aber sehr kräftig.
Vorkommen: Die Ohrenqualle erscheint vor allem im August und September in großen Scharen an den Stränden. Sie tritt auch in der Ostsee in großen Schwärmen auf. In der Nordsee ist sie vor allem im Frühsommer zahlreich zu beobachten.
Wissenswertes: Quallen ernähren sich von Plankton, das sie teils mit ihren Tentakeln, teils mit Hilfe der Mundlappen aus dem Wasser fischen.

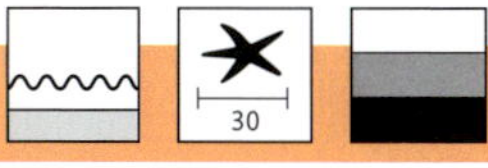

Gelbe Nesselqualle

Cyanea capillata
Echte Quallen

Merkmale: Gelbe Nesselquallen erreichen einen Schirmdurchmesser von etwa 1 m, ihre gelbe bis tiefrote Farbe trug ihr zuweilen den Namen „Feuerqualle" ein. Sie besitzen einen relativ flachen, kreisrunden Schirm, dessen Rand in acht grobe Lappen geteilt ist. Diese sind jeweils noch einmal in vier kleinere unterteilt. Von der Unterseite der Glocke hängen zahlreiche sehr feine Tentakel herab, die deutlich länger sind als die vier krausen Mundlappen.
Vorkommen: Nesselquallen leben in Küstennähe treibend im bewegten Seewasser. Die Gelbe Nesselqualle kommt an atlantischen Küsten, in der Nordsee und darüber hinaus auch in der westlichen Ostsee vor.
Wissenswertes: Gelbe Feuerquallen nesseln sehr stark!

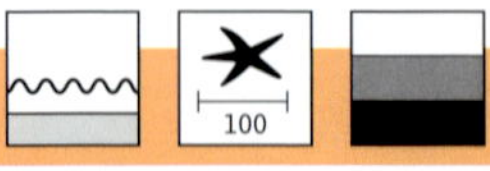

Blaue Nesselqualle

Cyanea lamarckii
Echte Quallen

Merkmale: Die Blaue Nesselqualle ist der Gelben sehr ähnlich, jedoch wird ihr Schirm nur etwa 35 cm groß, ihre blaugrüne Färbung wird auf der Oberseite durch ein violettes, konzentrisches Muster ergänzt.
Vorkommen: Die Blaue Nesselqualle lebt in Küstennähe treibend an atlantischen Küsten und in der Nordsee. Sie fehlt in der Ostsee.
Wissenswertes: Mit Hilfe der zahlreichen Nesselkapseln der Tentakel erzeugen sie bei ihren Beutetieren einen nervlichen Schock, um die dann wehrlosen Tiere verdauen zu können. Beide Arten können im Sommer in großen Schwärmen auftreten. Bei Berührung können sie Vergiftungserscheinungen und starke Hautreizungen („Verbrennungen") hervorrufen, die bei empfindlichen Menschen akute Kreislaufstörungen verursachen können!

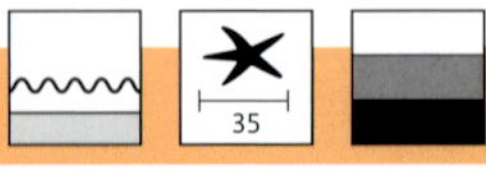

Wattwurm

Arenicola marina
Borstenwürmer

Merkmale: Der Wattwurm, auch Sandpier oder Köderwurm genannt, ist ein orangeroter, bis 35 cm langer Vielborster (Polychaet). Ähnlich wie beim verwandten Regenwurm besteht sein Körper aus zahlreichen Gliedern. Es ist eine deutliche Dreiteilung erkennbar: Der Kopf und die ersten sechs Segmente sind walzenförmig verdickt, der folgende Abschnitt besteht aus 13 Segmenten, die je ein Paar leuchtend rote Kiemenbüschel ausbilden. Schließlich folgt ein dünner Schwanz, der aus etwa 90 Segmenten besteht.

Vorkommen: Von der Gezeitenzone bis in den Bereich der Niedrigwasserlinie besiedeln Wattwürmer in hoher Dichte Sand- und Schlickböden des Mittelmeeres, der Atlantikküste sowie der Nord- und Ostsee.

Wissenswertes: Er ist das wohl bekannteste Lebewesen des Watts. Meist sind nur die Eingänge der Wohnbauten dieses Polychaeten zu sehen. In einem U-förmigen Fressgang lebt der Wattwurm eingegraben bis zu 30 cm tief im Sediment. Den Eingang bildet ein trichterförmiges Loch, durch das der Wurm den mit Detritus bedeckten Sand der Meeresbodenoberfläche ansaugt. Der Sand wird gefressen und die darin befindlichen Mikroorganismen und organischen Bestandteile verdaut. Den unverdaulichen Sand „entsorgt" der Wurm durch das andere Ende seiner Wohnröhre an die Oberfläche. Dort bilden sich charakteristische Kothaufen. Seine Kiemenbüschel versorgt der Wattwurm mit frischem Atemwasser, indem er einen permanenten Wasserstrom in seiner Wohnröhre erzeugt.

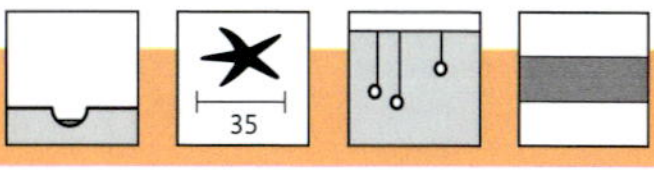

Bäumchenröhrenwurm
Lanice conchilega
Borstenwürmer

Merkmale: Die senkrecht stehende und tief eingegrabene Röhre des bis zu 30 cm langen Bäumchenröhrenwurms ist unordentlich mit ungleich großen Muschelsplittern, Sandkörnern und anderen Hartpartikeln beklebt. Sie wird am oberen Ende mit einer verästelten Krone aus vielen, mit Partikeln beklebten „Tentakeln" versehen. Diese dienen als Reuse, von denen der Wurm mit seinen zahlreichen Tentakeln Nahrungspartikel absammelt.
Vorkommen: Der Bäumchenröhrenwurm besiedelt zahlreich gröbere Sände im Bereich der Niedrigwasserlinie. Er ist an atlantischen Küsten sowie in der Nord- und Ostsee heimisch.
Wissenswertes: Bäumchenröhrenwürmer sind mit die häufigsten Würmer im Wattenmeer. Oft finden sich zahlreiche Wohnröhren im Spülsaum.

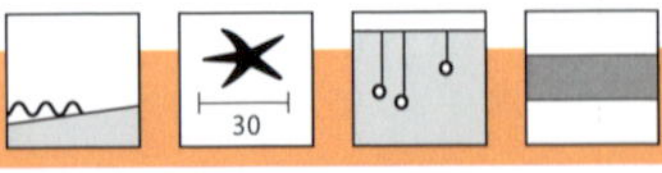

Köcherwurm
Pectinaria koreni
Borstenwürmer

Merkmale: Der bis 5 cm lange Köcherwurm besitzt sehr kurze Tentakel, die an seinem Vorderende einen goldfarbenen Borstenkamm bilden. Er versieht seine Wohnröhre mit stets gleichgroßen Sandkörnen. Die glatte Röhre verjüngt sich zum Hinterende. Sie wird wie ein Gehäuse immer mitgeschleppt.
Vorkommen: Von der Gezeitenzone abwärts eingegraben in Feinsänden und Schlicken. An atlantischen Küsten, in der Nord- und Ostsee heimisch.
Wissenswertes: Der mobile Köcherwurm gräbt sich schräg kopfabwärts in den Feinsand ein, bis das Hinterende seiner Röhre gerade noch über die Bodenoberfläche ragt. Mit seinen Tentakeln lockert er den feinen Sand und filtriert Kleinstlebewesen heraus. Ein permanenter Wasserstrom durch das Gehäuse sorgt für frischen Sandnachschub.

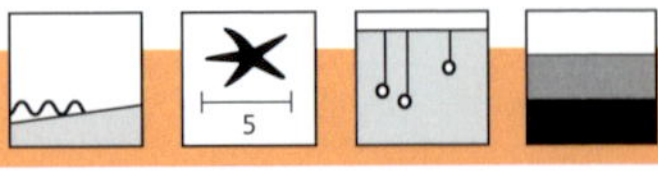

Tintenfisch

Sepia officinalis
Weichtiere

Merkmale: Lebende Tintenfische stranden selten. Sehr oft findet man dagegen das Innenskelett dieser mit den Schnecken und Muscheln verwandten Weichtiere, den Schulp (Foto). Die sehr leichten Skelette bestehen aus einer hornigen Grundsubstanz, die von Schichten aus saurem Kalk überlagert werden. Die porösen, keilförmigen Schulpe besitzen am Hinterende zwei flügelartige Fortsätze.
Vorkommen: Tintenfische leben bodennah auf Weichböden unterhalb der Tideniedrigwasserlinie. Sie bevölkern nicht nur die Nordsee, sondern werden auch im Atlantik und im Mittelmeer angetroffen. Als gute Schwimmer sind sie recht mobil.
Wissenswertes: Der heimische Tintenfisch hat einen gedrungenen, auf dem Rücken abgeflachten Eingeweidesack, den ein fein gepunkteter dünner Flossensaum umgibt. Der meist bräunliche Körper ist mit einem Muster feiner heller Linien überzogen. Zwei große Linsenaugen dominieren den Kopf, der sich deutlich vom Rücken abhebt. Um die Mundöffnung sind acht kurze und zwei sehr lange Fangarme angeordnet, die mit zahlreichen Saugnäpfen ausgestattet sind. Die langen Fangarme besitzen nur an den abgeflachten Stellen an ihrem Ende Saugnäpfe. Bis etwa 30 cm groß können die Tintenfische werden, deren Farbe überaus variabel ist und zur Tarnung dem Untergrund entsprechend angepasst werden kann. Tintenfische können aus einer Tintendrüse eine dunkle Flüssigkeit ausstoßen, um sich bei Gefahr im Sichtschutz der „Tinten“wolke zu entfernen.

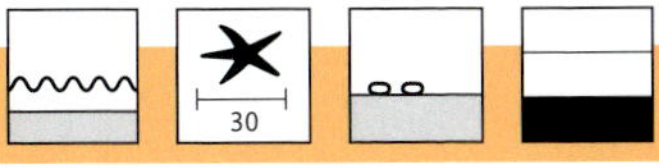

Gemeine Seepocke

Semibalanus balanoides
Krebstiere

Merkmale: Seepocken sind sessile (fest sitzende) Krebstiere, deren Panzer stark abgewandelt wurde. Aus sechs gekerbten Platten wird ein kreisrundes, kegelförmiges Gehäuse gebildet, wobei die Vorderplatte die Nachbarplatten überragt. Die oben gelegene, rhombische Öffnung kann, wenn die Tiere trockenfallen, durch zwei Paar bewegliche Platten dicht verschlossen werden. Die Wuchsform ist sehr variabel, die Färbung hingegen stets ein schmutziges Weiß. Bis zu 1,5 cm beträgt der Durchmesser der kleinen Kegel. Die Tiere selbst sind grau, unter Wasser sieht man jedoch nur ihre zahlreichen, dicht gefiederten Fangarme aus der Öffnung herausschauen.
Vorkommen: Als echtes Brandungstier leben die Seepocken auf festen Untergründen im Bereich der Spritzwasserzone, wo sie teilweise nur gelegentlich mit Seewasser in Berührung kommen. Atlantischer Ozean, Nord- und Ostsee sind die Heimat der Gemeinen Seepocke.
Wissenswertes: Die flächendeckende Besiedlung lässt an exponierten Standorten auf Felsen, Buhnen, Pfählen, Kaianlagen und Schiffen ein charakteristisches Siedlungsband aus Seepocken entstehen. Sobald sie unter Wasser getaucht sind, öffnen die Krebse ihr Gehäuse und strecken ihre gefiederten Fangarme heraus. Mit ihnen fischen sie nach Plankton und anderen Schwebepartikeln im umgebenden Wasser. Es gibt etwa vier heimische Seepockenarten, die sich am Aufbau des Gehäuses unterscheiden lassen.

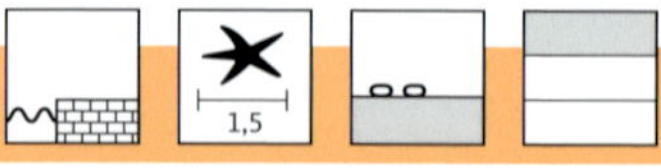

Nordseegarnele

Crangon crangon
Krebstiere

Merkmale: Nordseegarnelen sind langgestreckte Krebstiere mit einem langen, segmentierten Schwanz, der am Ende einen kleinen schwärzlichen Fächer ausbildet. Die milchig weißen bis bräunlichen Garnelen sind mit vier dünnen Laufbeinpaaren und einem schmalen Scherenpaar ausgestattet. Zwei Antennenpaare, von denen das zweite sehr lang ist, dominieren den Kopf, der zwei kleine schwarze Augen trägt. Der Körper ist mit kleinen schwarzen Punkten übersät, kleinen Pigmentzellen, mit denen die Garnele in der Lage ist, ihre Farbe zu verändern. Männchen werden bis zu 5 cm lang, die Weibchen erreichen etwa 8 cm Körperlänge.
Vorkommen: Nordseegarnelen sind typische Flachwasserbewohner, die in der Nordsee überwiegend in der Gezeitenzone leben. Bei Niedrigwasser ziehen sie sich gern in tiefere Bereiche oder in Gezeitentümpel zurück. Auch im Mittelmeer und im Atlantik besiedeln die Garnelen Flachwasserbereiche. Sie sind an Weichböden gebunden.
Wissenswertes: Nordseegarnelen (Krabbe ist ein irreführender Ausdruck, da als Krabben kurzschwänzige Krebse bezeichnet werden) haben eine große wirtschaftliche Bedeutung an der Nordseeküste. Auf speziellen Kuttern werden die Garnelen mit leichten Schleppnetzen gefischt, an Bord direkt gekocht, sortiert und verarbeitet. Als Nordsee-„Krabben“ oder „Granat“ (Foto rechts) kommen sie dann in den Handel und werden als Delikatesse landesweit verkauft.

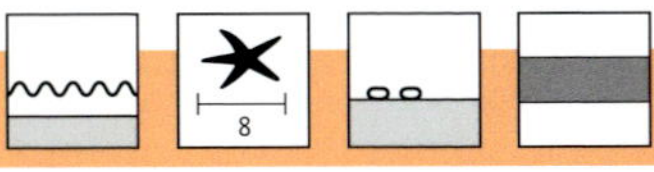

Einsiedlerkrebs

Pagurus bernhardus
Krebstiere

Merkmale: Einsiedlerkrebse haben im Gegensatz zu vielen anderen Krebsen keinen komplett gepanzerten Körper. Ihr Hinterende ist spiralig gekrümmt, die hinteren Beinpaare sind zu kleinen Häkchen umgebildet. Der vordere Teil, das Kopfbruststück, ist dagegen gut gepanzert. Das erste Schreitfußpaar ist zu zwei ungleich großen Scheren umgewandelt. Mit der größeren Schere wird der Wohnungseingang verschlossen. Die beiden nächsten Laufbeinpaare sind kräftig entwickelt und dienen dem Krebs zur Fortbewegung. Der sichtbare Teil des gelblichen Körpers wird von einem braunen und rötlichen Muster geziert.

Vorkommen: Die einzige Einsiedlerkrebsart in unseren Breiten lebt in Gezeitentümpeln, Prielen sowie auf flachen Böden unterhalb der Mitteltideniedrigwasserlinie. Er besiedelt sowohl Weich- als auch Hartböden des Atlantiks, des Ärmelkanals sowie von Nord- und westlicher Ostsee.

Wissenswertes: Einsiedlerkrebse leben in Schneckengehäusen. Bei Gefahr können sie sich in das Gehäuse zurückziehen und es mit der größeren Schere verschließen. Das Gehäuse dient ihrem weichhäutigen Hinterleib als Panzer. Da der Krebs stetig wächst, ist er gezwungen, sich gelegentlich ein neues Schneckenhaus zu suchen, in das er „umziehen" kann. Während dieses Umzugs sind die Krebse am verwundbarsten. Oft leben sie in Symbiose mit **Stachelpolypen** (*Hydractinia echinata*), die sich auf dem Schneckengehäuse ansiedeln.

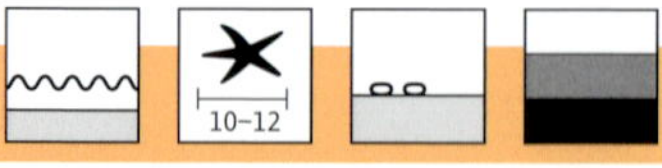

Schwimmkrabbe

Liocarcinus holsatus
Krebstiere

Merkmale: Schwimmkrabben sind filigran wirkende Krebse mit einem etwa 4 cm langen, flachen Panzer. Das hintere Beinpaar dieser kurzschwänzigen Krabbe ist zu Ruderfüßen umgebildet, mit denen sie sich flink im Wasser schwimmend fortbewegen kann. Das vordere Beinpaar hat sich zu kräftigen Scheren entwickelt, der laufenden Fortbewegung dienen drei verbleibende Schreitbeinpaare. Das Kopfbrustschild trägt beiderseits der Augen je fünf Zähne, zwischen den Augen sind drei etwa gleich große Höcker erkennbar. Schwimmkrabben sind meist graublau oder grünlich gefärbt, ihre Beinpaare zeigen generell aber rötliche Farbtöne.
Vorkommen: Auf Fels-, Schill- und Sandböden unterhalb der Tideniedrigwasserlinie, von der Nordsee bis zu den Kanarischen Inseln. Sie fehlen jedoch in der Ostsee.

Wissenswertes: Schwimmkrabben sind aktive Fischjäger. Sie lauern am Boden auf Beute. Dank ihrer Ruderfüße können sie schnell aufschwimmen und die Wassersäule bis zur Oberfläche durchqueren. Mit ihren scharfkantigen Scheren zerlegen sie kleine Fische, Würmer und Stachelhäuter. Gesättigt graben sie sich bis zu den Augen in den Sand ein und ruhen. Schwimmkrabben sind vortreffliche Schwimmer, die sich gelegentlich in Schwärmen an der Meeresoberfläche treffen. Lebende Tiere werden nur selten angespült, zumeist werden leergefressene Panzer gefunden.

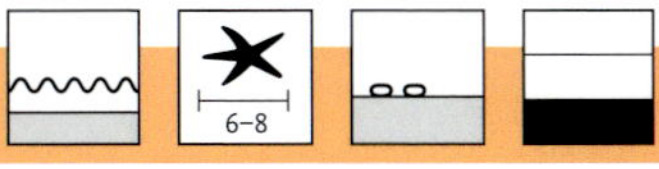

Strandkrabbe

Carcinus maenas

Krebstiere

Merkmale: Eine robuste Krabbe mit variabler Färbung von dunkelgrün bis braun und sandfarben. Sie besitzt vier Paar kraftvolle Laufbeine, das erste Beinpaar ist zu kräftigen Scheren umgebildet, das letzte ohne solche Verbreiterungen wie bei der Schwimmkrabbe. Als sehr guter Läufer ist die Strandkrabbe flink unterwegs. Zumeist läuft sie seitlich, was ihr im Plattdeutschen den Namen „Dwarslöper“ (Querläufer) eingebracht hat. Sie schwimmt selten, bewegt sich eher mit kurzen Sprüngen unter Wasser fort, wobei sie die Strömung nutzt. Der Rückenpanzer ist kräftig, mit gezähntem Rand, der Schwanz ist nach unten umgeschlagen. Der Panzer der Strandkrabben wird zwischen 6 und 8 cm groß. Jungtiere sind bunter gefärbt.

Vorkommen: Strandkrabben leben auf Weich- und Hartböden, vor allem auf Muschelbänken. Von der Gezeitenzone bis in tiefere Lagen besiedeln sie als eine der häufigsten Krebsarten die Küsten von Nord- und westlicher Ostsee, des Atlantiks und des Mittelmeeres.

Wissenswertes: Strandkrabben sind sehr gefräßig. Bis zu 10 % der Biomasseproduktion des Wattenmeeres verschwindet in den Mägen der Krabben. Mit ihren kräftigen Scheren zerlegen sie Muscheln, Seesterne, andere Krebse und Seeigel. Kurzzeitiges Trockenfallen schadet ihnen nicht, bei Niedrigwasser graben sie sich im Sediment ein oder suchen Schutz in kleinen Höhlen. Oft werden sie allerdings Opfer von Austernfischern, Brachvögeln oder Möwen.

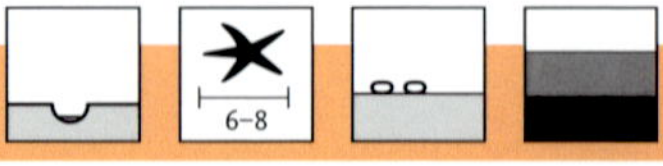

Taschenkrebs

Cancer pagurus
Krebstiere

Merkmale: Nach dem **Hummer** (*Homarus gammarus*) ist der Taschenkrebs die größte Krebsart in der Nordsee. Er kann eine Panzerbreite von 30 cm erreichen. Sein verkümmerter Schwanz ist unter den Panzer umgeklappt. Die plumpen Taschenkrebse sind mit sehr großen, kräftigen Scheren ausgestattet, deren äußeres Drittel schwarz gefärbt ist und sich damit von dem sonst eher ziegelroten Krebs abhebt. Der kräftige Panzer hat am seitlichen Vorderrand je neun rundliche Kerben, die ihm ein gewelltes Aussehen verleihen. Auf der Oberseite wird ein fein gekörntes Muster ausgebildet. Im Gegensatz zu anderen Krabben hat der Taschenkrebs einen rundlich ovalen Panzer, der keine scharfen Ecken und Kanten ausbildet.

Vorkommen: Taschenkrebse leben auf höhlenreichen Felsböden und an Uferbefestigungsanlagen. Stets unterhalb der Tideniedrigwasserlinie, werden sie jedoch hin und wieder von der Tide in Gezeitentümpeln zurückgelassen. In der Nordsee kommen sie um Helgoland häufig vor, sonst sind sie eher mäßig im Atlantik, Mittelmeer und Kattegatt verbreitet.

Wissenswertes: Besonders im Sommer steigen erwachsene Tiere in höhere, wärmere Uferbereiche auf. Sie ernähren sich räuberisch von Muscheln, Fischen und Stachelhäutern, die sie mit ihren Scheren greifen und ohne große Anstrengung zerlegen. Taschenkrebse werden in Stellnetzen gefangen, denn ihre Greifscheren („Knieper") sind als Delikatesse beliebt.

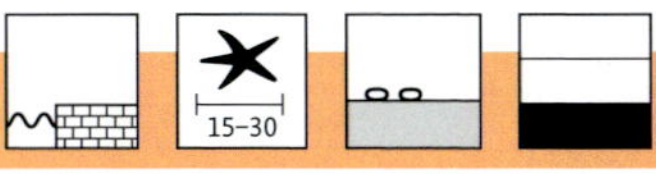

Gemeiner Seestern
Asterias rubens
Stachelhäuter

Merkmale: Seesterne haben eine unverkennbare Form, ihre fünf Arme sind auf der Unterseite mit zahlreichen Saugfüßchen besetzt. Bis zu 30 cm groß können die abgeflachten, plump wirkenden Tiere werden. Die Farbe ihrer derb-ledrigen Haut variiert nach Lebensraum. In großen Tiefen zeigen die sonst eher rötlichen Seesterne eine gelbe oder graue Färbung.
Vorkommen: Seesterne leben auf Hartgründen, oft auf Muschelbänken. Sie sind in Nord- und Ostsee und im Nordatlantik weit verbreitet und häufig. Sie fehlen im Mittelmeer.
Wissenswertes: Mit Hilfe ihrer Saugfüßchen und der muskulösen Arme öffnen sie vorzugsweise Miesmuscheln ausschließlich durch Zugkraft. Sodann wird der Magen hervorgestülpt und die Muschel außerhalb des Körpers verdaut.

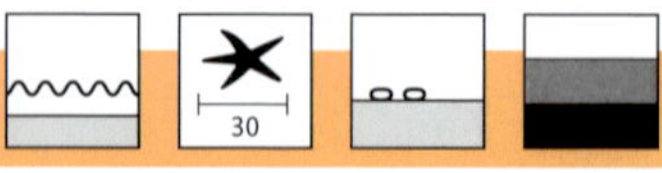

Gemeiner Schlangenstern
Ophiura albida
Stachelhäuter

Merkmale: Die filigranen Schlangensterne sind sehr viel kleiner. Ihr Durchmesser ist selten größer als 5 cm. Die fünf schlanken Arme sind scharf von einer zentralen Scheibe abgesetzt. Sie besitzen keine Saugfüßchen, stattdessen kleine dornige Zähnchen. Auf der Scheibe sind die Platten, aus denen die Tiere zusammengesetzt sind, deutlich erkennbar. Ihre Färbung ist weniger auffällig, meist sind die Tiere graubraun gefärbt.
Vorkommen: Schlangensterne besiedeln neben Nordatlantik, Nord- und Ostsee auch das Mittelmeer. Sie sind eher in den tieferen Rinnen zu finden.
Wissenswertes: Schlangensterne ernähren sich etwas moderater als Seesterne. Sie weiden Mikroorganismen vom Meeresboden ab oder ernähren sich von Aas oder kleinen Muscheln.

Herzigel

Echinocardium cordatum
Stachelhäuter

Merkmale: Herzigel sind im Gegensatz zu anderen Seeigeln nicht radiärsymmetrisch, sondern zweiseitig symmetrisch aufgebaut. Sie werden daher auch als irreguläre Seeigel bezeichnet. Die schlitzartige Mundöffnung liegt beim Herzigel auf der Unterseite vorne, die Afteröffnung am Hinterende innerhalb einer Rosette aus zu Kiemen umgebildeten Saugfüßchen. Der herz- oder eiförmige Körper wird von einem dichten Pelz weicher, gelblich brauner Stacheln überzogen, die der Schale fest anliegen und nicht abstehen. Gestrandete Schalen lassen auf der Oberseite fünf radiäre Doppelreihen feiner Poren erkennen, auf der flachen Unterseite der weißlichen Gehäuse sind deutlich Mund- und Afteröffnung erkennbar. Im Durchschnitt sind die Tiere etwa 6 cm lang, können aber bis 9 cm Körpergröße erreichen.

Vorkommen: Herzigel leben in Sand- und Schlickböden unterhalb der Gezeitenzone. Sie bevölkern zahlreich die östlichen Atlantikküsten und die Nordsee. Sie fehlen in der Ostsee.

Wissenswertes: Tief in den Sand eingegraben leben die Herzigel in einer Wohnröhre, deren Verbindungsgang zur Oberfläche sie mit bis zu 20 cm langen Saugfüßchen ständig freihalten. Mit Hilfe ihrer Stacheln graben sie sich nicht nur in den Sand ein, sie erzeugen damit auch einen Wasserstrom, der sie stets mit frischem Atemwasser versorgt. Kleinstorganismen, Muscheln und Schnecken stellen die Hauptnahrungsquelle der Herzigel dar.

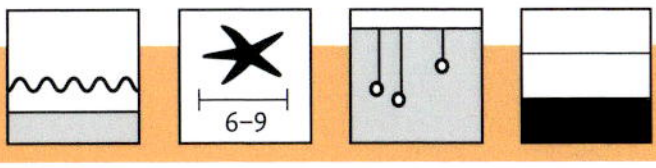

Strandseeigel

Psammechinus miliaris
Stachelhäuter

Merkmale: An seiner Radiärsymmetrie ist der Strandseeigel leicht als regulärer Seeigel zu erkennen und vom Herzigel gut zu unterscheiden. Die runden und auf Ober- und Unterseite abgeflachten, leicht zerbrechlichen Schalen zeigen auf der Außenseite die höckerförmigen Narben der abgebrochenen Stacheln. Sie können einen Durchmesser von etwa 6 cm erreichen. Zwischen den Stacheln sind fünf feinporige Doppelreihen erkennbar, an denen die Saugfüßchen hervorgestreckt wurden. Gestrandete Schalen zeigen an der Spitze eine kleine kreisrunde Öffnung, den ehemaligen After, und an der Unterseite eine große, die ehemalige Mundöffnung. Lebende Tiere tragen lange Stacheln mit purpurnen Spitzen, die Gehäuse sind olivgrün gefärbt.
Vorkommen: Als ausgesprochener Strandbewohner ist der Strandseeigel von Nordnorwegen bis Marokko überwiegend zwischen Seegrasbeständen und in Tangwäldern bis in maximal 100 m Tiefe anzutreffen. In der südlichen Nordsee häufig, in der Ostsee selten.
Wissenswertes: Strandseeigel ernähren sich überwiegend pflanzlich. Die Mundöffnung wird von einem komplizierten kalkigen Kauapparat ausgefüllt, der sogenannten „Laterne des Aristoteles“, die nach unten hin mit fünf scharfkantigen Zähnen abschließt. Die Tiere weiden mit diesen scharfen Zähnen Algen und Tange ab. Die kalkige „Schale“ aller Seeigel ist im biologischen Sinne ein außenliegendes Kalkskelett.

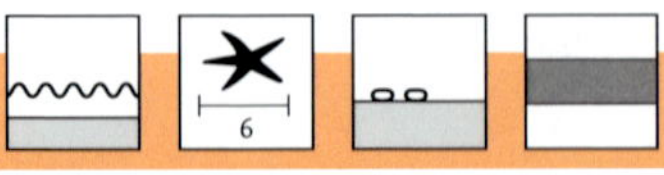

Zwergseeigel

Echinocyamus pusillus
Stachelhäuter

Merkmale: Zwergseeigel zählen als kleinste heimische Seeigel zu den irregulären Stachelhäutern. Auf der Oberseite des weißen Gehäuses sind fünf strahlig angeordnete, doppelreihige Porenleisten erkennbar. Auf der Unterseite liegt zentral eine große Mundöffnung und leicht nach hinten versetzt die kleinere Afteröffnung. Lebende Tiere sind mit kurzen, grünlichen Stacheln besetzt, die von gestrandeten Skeletten oft abgefallen sind.
Vorkommen: Von Island bis Nordafrika bevölkern Zwergseeigel die Atlantikküsten. In der Nordsee kommen sie lokal häufig vor.
Wissenswertes: Die kleinen Stachelhäuter ernähren sich von Kleinstorganismen, die sie wenige Zentimeter unter der Oberfläche aufstöbern. Sie selbst stellen eine wichtige Nahrungsgrundlage für Plattfische dar.

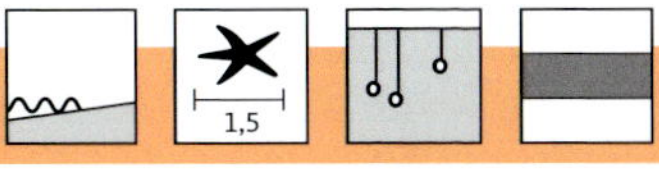

Blättermoostierchen

Flustra foliacea
Moostierchen

Merkmale: Moostierchen sind winzige, 0,5 mm große Organismen, die ein kalkiges Gehäuse erzeugen, in das sich das Tier zurückziehen kann. Durch Knospung bilden die Moostierchen große Kolonien. Ihre Form erinnert an blättrige Pflanzen, deren hellbraune Lappen am Ende gerundet sind. Diese können bis zu 18 cm lang werden.
Vorkommen: Blättermoostierchen sind vermutlich auf der ganzen Erde verbreitet. Ihre Stöcke sind mit einer Haftscheibe in flachem, leicht strömendem Wasser an Muscheln oder Steinen angeheftet. Sie leben komplett untergetaucht unterhalb der Niedrigwasserlinie.
Wissenswertes: Moostierchen sind nicht mit Korallen verwandt, sondern ein eigener Tierstamm. Jedes einzelne Tier fischt mit einer feinen Tentakelkrone kleinste Partikel und Plankton aus dem umgebenden Wasser.

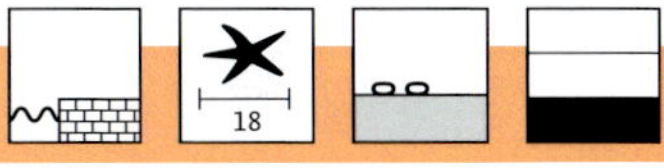

Hai- und Rocheneier

Chondrichthyes – Eier
Knorpelfische

Merkmale: Oft wirft das Meer kissenförmige, hohle Gebilde an den Strand. Diese etwa 3 bis 5 cm großen Hülsen sind die Eikapseln von Rochen oder Haien. Sie besitzen an allen vier Ecken mehr oder weniger gekräuselte Fortsätze. Schwarze, rechteckige Kapseln mit ausgestreckten Fortsätzen stammen von Nagel- (glatte Oberfläche, Mitte) oder Sternrochen (samtig gefurchte Oberfläche, rechts). Hornfarbige und längliche Kapseln (links) mit stark spiralig gerollten Fäden sind dagegen die Produkte des Kleingefleckten Katzenhais, des einzigen ständigen Bewohners der Nordsee aus der Familie der Haie.

Vorkommen: Haie und Rochen leben in den tieferen Abschnitten der Nordsee. Vorzugsweise über Hartböden jagen sie kleine Grundfische. Ihre leeren Eikapseln hingegen werden oft an den Stränden der ost- und nordfriesischen Inseln angespült. Meist sind sie in Tangen und Algen verhakt.

Wissenswertes: Haie und Rochen sind Knorpelfische, im Gegensatz zu den „normalen" Fischen, die zur Gruppe der Knochenfische gehören. Bis zu 20 Eikapseln legt ein Hai- oder Rochenweibchen. Mit den fädigen Fortsätzen befestigt es die Kapseln dann an Wasserpflanzen, Tangen oder Algen, so dass sie von der Strömung nicht fortgerissen werden. In den Kapseln entwickeln sich in vier bis neun Monaten die Fische, was bei den durchscheinenden Kapseln des Katzenhais sehr gut zu beobachten ist. Nach dem Schlupf werden die Eikapseln leicht abgerissen und anschließend verdriftet.

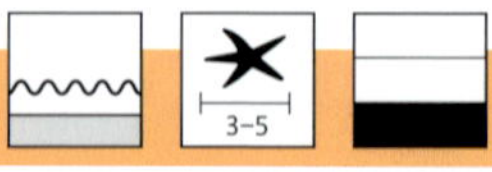

Bernstein
Succinit
Fossiles Harz

Merkmale: Bernsteine sind klare bis undurchsichtige, gelbliche bis braunorange „Steine“ aus fossilem Harz. Nach Winterstürmen, aber auch gelegentlich im Sommer sind verschieden große Bernsteinreste im Spülsaum der Strände zu finden. Ganz korrekt wird er als Baltischer Bernstein oder Succinit bezeichnet. Aus dem zähflüssigen Harz damals lebender Bernsteinkiefern (*Pinus succinifera*) wurde im Laufe der Jahrtausende eine feste Substanz.
Vorkommen: Baltischen Bernstein findet man an den Küsten der Nord- und Ostsee. Er ist im Tertiär vor ca. 40 bis 50 Millionen Jahren im Gebiet von Mittelschweden und Finnland entstanden. Damals gab dort es einen breiten Waldgürtel, der bis an die Küste reichte. Ihr Verlauf war anders als heute: Dänemark, Südschweden und Norddeutschland waren damals von Wasser bedeckt, während Polen und Norwegen verbunden waren. Die Ostsee entstand erst erheblich später. So ist verständlich, dass Baltischer Bernstein auch an der heutigen Nordseeküste zu finden ist.
Wissenswertes: Bernstein ist nicht mineralisch, er zählt daher nicht zu den Edelsteinen, aber dennoch zu den ältesten Schmucksteinen. Mit Einschlüssen von kleinen Tieren oder Pflanzenteilen ist er besonders für Paläontologen interessant. Durch große Klimaveränderungen versanken die damaligen Kiefernwälder in salzhaltigen Sümpfen. Wellen und Strömungen des ansteigenden Meeresspiegels spülten das alternde Harz aus dem Waldboden und lagerten es an verschiedenen Stellen neu ab.

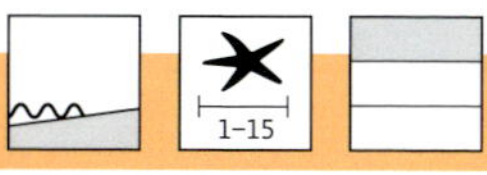

Seehund

Phoca vitulina

Säugetiere

Merkmale: Seehunde sind leicht an ihrem rundlichen Kopf und dem torpedoförmigen Körper zu erkennen. Große schwarze Augen und lange weiße Tastborsten kennzeichnen das Gesicht der silbergrauen oder graugelben Säuger. Die Gliedmaßen sind zu Flossen umgebildet. Zwischen den am Hinterende liegenden Hinterläufen ist ein Stummelschwänzchen erkennbar. Der Rücken der Tiere wird von schwarzen Flecken geziert. Bis zu 2 m lang und etwa 100 kg schwer können männliche Seehunde werden, Weibchen bleiben etwas kleiner.

Vorkommen: Seehunde leben in küstennahen, gezeitenbeeinflussten Gewässern mit vielen Sandbänken. Neben ihrem zahlreichen Auftreten in Nord- und westlicher Ostsee werden sie im Ärmelkanal und an ostatlantischen Küsten angetroffen.

Wissenswertes: Seehunde sind Säugetiere, die einem Leben im Meer optimal angepasst sind. Eine Fettschicht unter dem kurzen Fell schützt sie vor Auskühlung. Sie ernähren sich von kleinen Fischen und Garnelen, die sie teilweise im Rudel erbeuten. Ihre Jungen werden im frühen Sommer auf abgelegenen Sandbänken geboren. Sie müssen sich nach wenigen Monaten schon selbst versorgen. Gelegentlich lassen Mütter ihr Jungtier am Strand zurück, das mit heulenden Lauten Kontakt zu seiner Mutter hält. Zu solchen „Heulern" ist unbedingt ein großer Abstand zu halten. Auf Helgoland und vor der Westküste Nordfrieslands ist regelmäßig die **Kegelrobbe** (*Halochoerus grypus*) zu beobachten. Neben der dunkleren Gesamterscheinung ist vor allem die kegelförmige, flache Kopfform ein gutes Unterscheidungsmerkmal gegenüber dem Seehund.

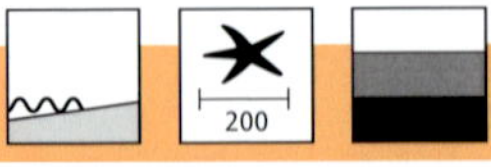

Schweinswal

Phocoena phocoena
Säugetiere

Merkmale: Wenige Wale sind in der Deutschen Bucht heimisch. Zu ihnen gehört der Schweinswal. Sein stromlinienförmiger Körper endet in einer waagerechten, symmetrischen Schwanzflosse. Auf dem blauschwarzen Rücken steht ziemlich mittig eine kleine, dreieckige Rückenfinne. Das Blasloch liegt weit vorn auf dem leicht abgesetzten Kopf. Die Unterseite ist schmutzig weiß gefärbt, von ihr heben sich die dunklen Brustflossen ab. Der Kopf ist rundlich zugespitzt, bleibt stumpf und ohne Schnabel. Im Unter- und Oberkiefer steht je eine Reihe scharfer und spitzer spatelförmiger Zähne. Schweinswale werden bis zu 1,8 m lang.

Vorkommen: Schweinswale leben gesellig an den Küsten des Nordatlantiks und Nordpazifiks, häufig sind sie auch in Nord- und Ostsee anzutreffen. Gelegentlich sind sie auf Schiffsfahrten nach Helgoland gut zu beobachten. Mit starken Ferngläsern kann man sie gelegentlich, aber sehr selten, vor den Inseln sehen.

Wissenswertes: Als ausgesprochen schnelle Schwimmer ernähren sich Schweinswale jagend von kleine Fischen wie Heringen und Wittlingen oder von Tintenfischen und Krebsen. Wie alle Säugetiere atmen auch Wale durch Lungen. Sie müssen zum Luftholen auftauchen. Ihre „Nase“ ist das Blasloch, das auf der Oberseite des Kopfes liegt. Jeweils ein Jungtier wird alljährlich mit dem Schwanz voran geboren. Gestrandete Wale müssen unbedingt zuständigen Stellen gemeldet werden.

Meeresvögel

Kormoran

Phalacrocorax carbo

Kormorane

Merkmale: Kormorane sind große schwarze Vögel mit einem kräftigen Hals. Der Kopf mit dem grauen Hakenschnabel wirkt etwas kantig. Das durch schwarze Federränder geschuppt erscheinende Rückengefieder erzeugt im Sonnenschein einen bronzefarbenen Metallglanz. Der Schnabelgrund ist bei allen Vögeln gelb gefärbt, während die Federn des Kopfes und des Nackens nur im Prachtkleid weiß durchsetzt sind. Dann ist außerdem oberhalb des Beinansatzes ein auffällig weißer Fleck zu sehen. Durch die weit hinten ansetzenden Flügel und den vorgestreckten Hals sind die dunklen Vögel auch im Flug leicht zu erkennen.

Vorkommen: Der Kormoran ist nahezu paläarktisch verbreitet. In Deutschland kommt er an der Küste häufig und im Binnenland an Seen und Flüssen vor. Er ist überall ein häufiger Brutvogel. Er fischt in küstennahen Gewässern und rastet auf Sandbänken.

Wissenswertes: Da Kormorane keine Bürzeldrüse haben und somit ihr Gefieder nicht einfetten können, sind sie gezwungen, nach ausgiebigen Tauchgängen ihre Flügel zu trocknen. Dafür spreizen sie diese typisch vom Körper ab. Kormorane liegen, wenn sie schwimmen, sehr tief im Wasser. Tauchen sie ab, beginnen sie oft mit einem kleinen Sprung ins Wasser. Kormorane sind Koloniebrüter, die ihre Nester auf Bäumen, oder Felsen anlegen. Das Nest wird aus groben Zweigen zusammengesteckt. Kormorane verzehren allerhand Fisch, was sie nicht überall beliebt gemacht hat. Ihr lateinischer Name bedeutet „Meerrabe“.

Graugans

Anser anser
Entenvögel

Merkmale: Graugänse sind große, auf den ersten Blick eintönig graubraun erscheinende Gänse von typischer Gestalt. Der orangefarbene Schnabel ist groß und kräftig ausgebildet, mit ihren rosafarbenen Beinen sind die Gänse gut zu Fuß unterwegs. Das kontrastarme Gefieder wird von feinen hellen Federrändern verziert. Dagegen leuchten die weißen Unterschwanzdecken unter dem Schwanz und den Flügeln hervor. Graugänse können leicht mit den ähnlichen **Saatgänsen** (*A. fabalis*), **Kurzschnabelgänsen** (*A. brachyrhynchos*, beide Arten mit dunklem Schnabel) oder **Blässgänsen** (*A. albifrons*, weiße Blesse über dem Schnabel) verwechselt werden.

Vorkommen: Die großen Gänse brüten gelegentlich in Europas Feuchtgebieten auf den Inseln, an Seen und an den Küsten. Sie sind in Norddeutschland das ganze Jahr über zu beobachten. Zu den Sommerbrutvögeln gesellen sich im Winter in der norddeutschen Tiefebene Tausende Graugänse als Wintergäste. Ihr Verbreitungsgebiet erstreckt sich über weite Teile Europas und Asiens.

Wissenswertes: Wie viele Gänse sind auch Graugänse ausgesprochen kräftige Zugvögel, die dank ihrer starken Muskulatur und ihrer großen Schwingen ausgedehnte Wanderungen zwischen den Kontinenten unternehmen können. Viele Graugänse (und vor allem ihre Verwandten) ziehen ihren Nachwuchs in der arktischen Tundra auf. Sie erreichen ihr Brutgebiet sehr früh, oft schon im März. Die Rückkehr in die Winterquartiere in Europa und Nordafrika erfolgt im Oktober.

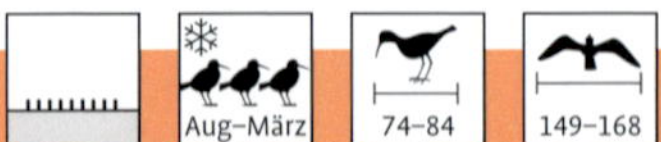

Ringelgans

Branta bernicla

Entenvögel

Merkmale: Ringelgänse fallen vor allem durch ihre relativ geringe Größe und das kontrastreiche Gefieder auf. Die rundlichen Vögel sind überwiegend dunkel gefärbt, in starkem Kontrast dazu leuchtet das weiße Hinterteil, wodurch die Ringelgans sowohl bei der Nahrungssuche in der Salzwiese als auch im Flug deutlich zu erkennen ist. Ringelgänse haben schwarze Hälse, Köpfe und einen schwarzen Schnabel. Je ein weißer Fleck an den beiden Halsseiten trugen der Gans den Namen Ringelgans ein. Beine und Flügelspitzen sind ebenfalls schwarz, während das Rückengefieder heller erscheint. Bei Jungvögeln erzeugen weiße Federränder auf den Flügeldecken eine deutliche Bänderung.

Vorkommen: Die Ringelgans ist ein hocharktischer Brutvogel, der an den Küsten Grönlands und Sibiriens seinen Nachwuchs heranzieht. Im Winter fallen Tausende der kleinen Gänse an der südlichen Nordseeküste ein, um hier den Winter zu verbringen. Meist machen sich die Gänse erst im späten Frühjahr auf den Weg in ihre Brutgebiete. Sie suchen ihre Nahrung in großen Trupps in Salzwiesen und an der Abbruchkante.

Wissenswertes: Ringelgänse sind reine Pflanzenfresser. Sie ernähren sich überwiegend von Seegras, fressen aber auch andere Pflanzen wie Strandflieder und Strandastern. Sie sind stets in kleinen bis großen Trupps unterwegs. Die Flugformation ist weniger geordnet als bei anderen Gänsen, wodurch die Ringelgänse leicht von ihnen zu unterscheiden sind.

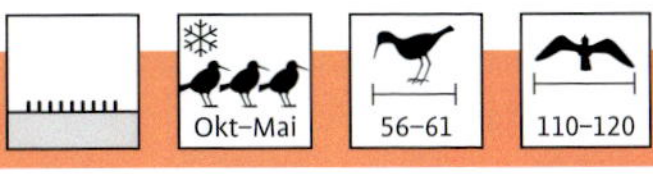

Weißwangengans

Branta leucopsis
Entenvögel

Merkmale: Etwas größer als die Ringelgans ist die Weißwangengans, die an den weißen Kopfseiten sehr leicht erkennbar ist. Sie kann lediglich mit der **Kanadagans** (*B. canadensis*) verwechselt werden, die aber deutlich größer ist und eine andere Kopfzeichnung hat. Weißwangengänse zeichnen sich durch einen schwarzen Hals, helle Flanken und ein helles Heck mit schwarzen Steuerfedern aus. Ihr kleiner kurzer Schnabel ist wie die zierlichen Beine pechschwarz. Durch längere Flügel, mit denen sie langsamer schlägt als die Ringelgans, ist die Weißwangengans auch im Flug gut von der Ringelgans zu unterscheiden.

Vorkommen: Weißwangengänse sind hocharktische Brutvögel. Die nächsten Brutgebiete liegen auf Spitzbergen, an der Südküste Grönlands und auf Nowaja Semlja. Zehntausende Gänse überwintern jedes Jahr an der deutschen und niederländischen Nordseeküste. Sie sind selten im Binnenland zu beobachten und suchen ihre Nahrung vor allem in Salzwiesen.

Wissenswertes: Die hübsch anzusehenden Gänse sind überwiegend auf küstennahen Wiesen und Salzwiesen zu beobachten, wo sie mit ihrem scharfen Schnabel größtenteils Gras abknipsen. Aufgrund ihres massenhaften Auftretens sind sie daher bei Landwirten nicht überall willkommen. Vor allem in den Niederlanden werden zurzeit verschiedene Schutzprogramme getestet, um ein friedliches Nebeneinander von Gänsen und Menschen zu ermöglichen.

Okt–Mai | 58–70 | 132–145

Brandgans

Tadorna tadorna
Entenvögel

Merkmale: Anhand ihres bunten Gefieders ist die Brandgans unverkennbar. Ein roter Schnabel, der bei den Männchen im Brutkleid von einem auffälligen Höcker gekrönt wird, ist das Markenzeichen der Brandgans. Der im Sonnenlicht grünlich schimmernde Kopf geht abrupt in einen weißen Körper über. Um die Brust zieht sich ein rostrotes Band. Rücken und Bauch weisen schwarze Streifen auf. Die großen Schwingen sind schwarz, werden bei sitzenden Vögeln durch den grün und rostbraun schimmernden Flügelspiegel verdeckt. Bis auf den Höcker sind Männchen und Weibchen nicht zu unterscheiden. Die kräftigen Beine der Alttiere sind rosa. Die Küken sind flauschig und schwarz-weiß gescheckt.
Vorkommen: Die Brandgans ist an europäischen Küsten ein weit verbreiteter, ganzjährig heimischer Brutvogel. Überwinternde Vögel können bis nach Nordafrika verstreichen. Selten ist die Brandgans als Brutvogel sogar an wasserreichen Stellen im Binnenland anzutreffen. Sie brütet in den Dünen und sucht ihre Nahrung in Salzwiesen und trockenfallenden Watten.
Wissenswertes: Brandgänse sind Höhlenbrüter. Sie legen zahlreiche Eier, die bei Insulanern früher eine willkommene Bereicherung ihres Speiseplans waren. Auf einigen Inseln wurden von den Menschen Höhlen in den Dünen angelegt, um die Brandgänse hier anzusiedeln. Sind die Küken geschlüpft, führen die Alttiere sie geradewegs in die Salzwiese. Brandgansküken haben ein enormes Sprungvermögen.

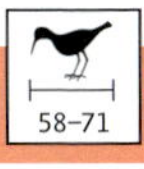

Pfeifente

Anas penelope
Entenvögel

Merkmale: Vor allem im Flug sind Pfeifenten das ganze Jahr über deutlich an den leuchtend weißen Flügeldecken zu erkennen. Die Erpel haben im Prachtkleid, das oft schon im Winter angelegt wird, eine auffallend gelbe Stirn, während Kopf und Brust rostrot gefärbt sind. Die Flanken erscheinen grau, was durch ein sehr feines schwarz-weißes Muster hervorgerufen wird. Bürzel, Schwanz und Schwingen sind schwarz. Weibchen und Männchen im Schlichtkleid sind weniger auffällig und eintönig grau bis rötlich braun gefärbt. Pfeifenten haben in allen Kleidern einen hellen Bauch, der aber meist verborgen bleibt, da sich die Tiere viel im Wasser aufhalten. Der Schnabel ist bei beiden Geschlechtern hellgrau mit schwarzer Spitze.
Vorkommen: Pfeifenten brüten in weiten Teilen Skandinaviens und Nordrusslands. Sie überwintern an zahlreichen europäischen Küsten der Nordsee, des Atlantiks und des Mittelmeeres. Auf den Inseln und an der Wattenmeerküste sind sie häufig an Salzwiesenprielen und Abbruchkanten bei der Nahrungssuche zu beobachten.
Wissenswertes: Pfeifenten sind so genannte Gründelenten. Sie tauchen nicht nach Nahrung, sondern weiden mit ihrem Schnabel den Meeresboden ab, indem sie den Kopf eintauchen. Ihr Hinterteil bleibt aber stets an der Oberfläche. Die tiefer im Wasser liegenden Tauchenten dagegen tauchen mit einem kleinen Sprung komplett unter und fischen in größeren Tiefen nach Nahrung.

Okt–Apr | 45–51 | 75–86

Stockente

Anas platyrhynchos
Entenvögel

Merkmale: Die Stockente ist unverkennbar und wohl die bekannteste Ente überhaupt. Die Erpel sind vor allem an ihrem grünlich schimmernden Kopf mit dem leuchtend gelben Schnabel und den kräftig orangefarbenen Beinen erkennbar. Eine braune Brust und ein grauer Rücken und Flanken sowie das schwarze Hinterteil mit den charakteristisch aufgerollten Schmuckfedern kennzeichnen sie. Grüner Kopf und braune Brust werden durch eine feine weiße Linie getrennt. Die Weibchen sind dagegen deutlich unscheinbarer gefärbt. Ihr bräunlich geschecktes Gefieder wird nur durch den weiß gesäumten, blauviolett schimmernden Flügelspiegel unterbrochen. Dieser ist vor allem im Flug erkennbar. Auch die Erpel zeigen einen blauen Flügelspiegel.

Vorkommen: Stockenten sind in Europa weit verbreitet und als Kulturfolger in nahezu allen Lebensräumen ganzjährig anzutreffen. An der Küste sind sie vor allem auf dem Wasser oder gründelnd in Salzwiesenprielen und an Buhnen und Lahnungen zu beobachten.

Wissenswertes: Durch Einkreuzung zahlreicher Hausenten oder Zuchtformen gibt es bei Stockenten inzwischen starke Farbabweichungen in der Gefiederbildung. Weiße Gefiederpartien und Mischformen sind die häufigsten Erscheinungen. Daher können Stockenten mitunter schwer erkennbar sein. Stockenten halten sich häufig auch in Parks und Grünanlagen auf. Sie können ihre vielfältige Nahrung auch weitab vom Wasser aufnehmen.

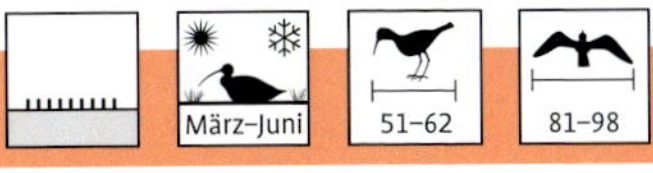

Krickente

Anas crecca

Entenvögel

Merkmale: Die Krickente ist die kleinste Ente Europas und allein daran schon deutlich zu erkennen. Wie bei Enten typisch, sind auch bei der Krickente Männchen und Weibchen unterschiedlich gefärbt. Die Erpel haben ein fein gezeichnetes Rückengefieder, das auf der Unterseite in einen cremefarbenen Grundton übergeht. Der Bürzel leuchtet auffällig schwefelgelb und ist mit einer schwarzen Zeichnung versehen. Kräftig rostrot umrahmen Nacken, Stirn und Kinn die grün schimmernden Wangen und Halsseiten. Durch feine weiße Linien wird die Gesichtszeichnung noch verstärkt. Die Weibchen sind unscheinbar gefärbt. Die dunklen Federn werden von hellgrauen Federrändern begrenzt und geben den Weibchen ein geschupptes Aussehen. Lediglich der grünlich metallisch glänzende Flügelspiegel sorgt bei fliegenden Tieren für einen Farbtupfer. Schnabel und Beine sind bei beiden Geschlechtern dunkelgrau.

Vorkommen: Auch die Krickente ist ein häufiger Brutvogel, sie zählt mit zu den häufigsten Enten. Ihr Brutgebiet erstreckt sich über ganz Nordeuropa und Nordasien. In Deutschland ist sie im Norden das ganze Jahr über heimisch. Krickenten brüten versteckt auf Moor- und Waldseen. Überwinternde Vögel sind zahlreich in Watten und Salzwiesen bei der Nahrungssuche zu beobachten.

Wissenswertes: Krickenten sind ausgesprochene Zugvögel. Ab August fallen zahlreiche Wintergäste aus den skandinavischen Ländern an der südlichen Nordseeküste ein.

Aug–Apr | 34–38 | 58–64

Eiderente

Somateria mollissima
Entenvögel

Merkmale: Die größte einheimische Ente ist unverkennbar. Die Erpel tragen im Prachtkleid ein unverwechselbares Gefieder: Es ist kontrastreich schwarz-weiß mit einer lachsfarbenen Brust und einem auffällig grünen Nackenfleck. Nicht geschlechtsreife Erpel sind dagegen mit einem schwarz-weißen, fleckigen Gefieder ausgestattet. Erst im dritten Kalenderjahr zeigen sie das typische adulte Prachtkleid. Die Weibchen sind an ihrem eintönig braunen Gefieder zu erkennen. Alle Eiderenten haben eine typische, eigentümliche Kopfform: Der Schnabelfirst geht in einer geraden Linie in die Stirn über. Die kräftigen Enten sind auch fliegend leicht zu erkennen, da oft mehrere Tiere in einer geradlinigen Formation unterwegs sind, die alle an ihrer Kopfform und dem schwarz-weißen Gefieder der Erpel schnell zu erkennen sind.

Vorkommen: Eiderenten sind ans Meer gebundene Vögel, die an den Küsten Nordeuropas, Grönlands und Skandinaviens brüten. Wenige Paare brüten auf den ostfriesischen Inseln, während dagegen viele Tiere als Wintergäste vor den Küsten von Nord- und Ostsee anzutreffen sind.

Wissenswertes: Eiderenten sind kräftige Tauchenten, die sich nahezu ausschließlich von Miesmuscheln ernähren. Sie ernten die Muscheln bei ausgiebigen Tauchgängen auf Muschelbänken. Die Muschel wird komplett verschluckt. Der kräftige Muskelmagen zerkleinert die Schale, deren unverdauliche Reste als kugelrunder Speiballen wieder ausgeschieden werden.

Kornweihe

Circus cyaneus
Habichtartige

Merkmale: Silbergrau mit schwarzen Flügelspitzen segelt das Kornweihenmännchen mit leicht v-förmig gehaltenen Flügeln durch die Dünenlandschaft. Die Männchen sind am silbergrauen Gefieder, das auf der Unterseite in einen helleren Farbton übergeht, erkennbar. Die schlanken Vögel sind außerdem an ihrem leuchtend weißen Fleck an der Schwanzwurzel zu bestimmen. Dieser strahlt auch aus dem bräunlichen Gefieder der Weibchen hervor. Letztere sind schwer von Jungvögeln zu unterscheiden und haben eine große Variationsbreite in der Gefiederfärbung. Die helle Unterseite kann gelegentlich orange überhaucht sein, doch dominieren immer Brauntöne. Beide Geschlechter haben eine kräftig gelbe Schnabelwurzel und gelbe Beine.

Vorkommen: Kornweihen sind sehr selten gewordene Brutvögel in Deutschland. Lediglich auf den Nordseeinseln kann sich ein guter Bestand halten. Grundsätzlich sind Kornweihen in weiten Teilen Europas heimisch, allerdings meist nur als Wintergäste anzutreffen. Brutgebiete liegen in Nordskandinavien und weiten Teilen Russlands.

Wissenswertes: Heimische Kornweihen brüten in Schilfgebieten. Sie sind Bodenbrüter und können sich auf den Inseln gut behaupten, da Igel und Füchse fehlen, die sich gerne die Eier von Bodenbrütern wie Weihen und Seeschwalben einverleiben. Kornweihen ernähren sich hauptsächlich von Nagetieren und Kleinvögeln. Ähnlich ist die auch auf den Inseln heimische **Rohrweihe** (*C. aeruginosus*), bei der das Männchen aber braun gescheckt ist und der weiße Fleck an der Schwanzwurzel fehlt.

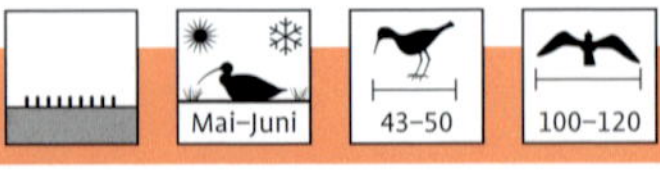

Fasan

Phasianus colchicus
Hühnervögel

Merkmale: Vormals kein heimischer Vogel, gehört der Fasan inzwischen zu den auffälligsten Vögeln in den Dünen der Inseln. Die Männchen dieser großen Hühnervögel sind eindeutig an ihrem hübschen und fein gezeichneten rostroten Gefieder und dem langen Schwanz erkennbar. Der Kopf schimmert grünlich und wird durch einen weißen Halsring vom Rumpfgefieder getrennt. Rote, unbefiederte Lappen umrahmen das Auge und den hellen Schnabel. Die kräftigen Laufbeine sind bei beiden Geschlechtern grau. Die Hennen zeichnen sich durch ihr cremefarbenes, braun geschupptes Gefieder aus, ihr Schwanz ist etwas kürzer. Ihre Haltung ist oft geduckter als die des aufrecht umherstolzierenden Hahnes. Fasane sind wegen ihrer runden Flügel schlechte Flieger und legen nur kurze (Flucht-)Strecken fliegend zurück.

Vorkommen: Inzwischen in weiten Teilen Mittel- und Nordeuropas heimisch, ist der Fasan in allen Gebieten im Küstenraum anzutreffen. Die Hühnervögel meiden jedoch den offenen Strand. Ihre Brut ziehen sie versteckt in den Dünen auf.

Wissenswertes: Fasane wurden in Nordeuropa vor gut 200 Jahren als sogenannte „Jagdfasane" eingebürgert, da sie ein leicht zu erlegendes Federwild darstellen, das obendrein eine begehrte Trophäe abgibt. Auch heute wird der Fasan noch bejagt, der durch sein Scharren den Dünen erheblichen Schaden zufügt, da er die obere Moos-/Pflanzenschicht zerstört.

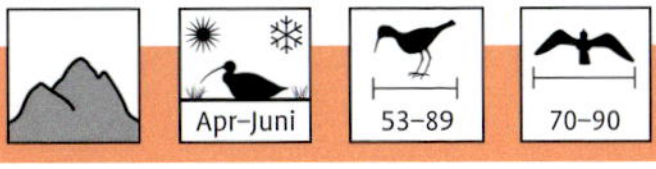

Austernfischer

Haematopus ostralegus

Austernfischer

Merkmale: Unverkennbar durch sein schwarz-weißes Gefieder, den kräftigen orangeroten Schnabel sowie die roten Augen und Beine ist der Austernfischer der bekannteste Wattenmeervogel. Vögel im Schlichtkleid und Jungtiere sind an einem weißen Halsring zu erkennen.

Vorkommen: Weit verbreitet an den Küsten Nord- und Mitteleuropas, brüten Austernfischer inzwischen an nahezu allen möglichen Orten. Überwiegend besiedeln die wehrhaften Vögel jedoch Salzwiesen und Dünen. Ihre Bestandsdichte ist gerade in Salzwiesen sehr hoch. Austernfischer sind ganzjährig an verschiedensten Strand- und Wattabschnitten zu beobachten.

Wissenswertes: Als sehr wehrhafter Vogel ist der Austernfischer in der Lage, sogar inmitten von Möwenkolonien zu brüten. Allerdings sind die Vögel bei der Wahl des Nistplatzes sehr einfallsreich. So werden auch Gleise, Hausdächer und andere Einrichtungen gern angenommen. Austernfischer ziehen im August gen Süden, kommen aber schon zeitig im März zurück. Ein großer Teil überwintert auch regelmäßig an der Nordseeküste. Die Ernährungsweise der Austernfischer ist sehr vielfältig. Einige ziehen lediglich Wattwürmer aus dem Schlick, andere öffnen mit ihrem spitzen Schnabel Muscheln und knipsen deren Schließmuskel durch, um sie dann zu fressen. Wieder andere ernähren sich auf beide Weisen oder profitieren von den Resten einer Möwenmahlzeit. Wie alle Limikolen legt das Weibchen vier Eier in eine Nestmulde am Boden.

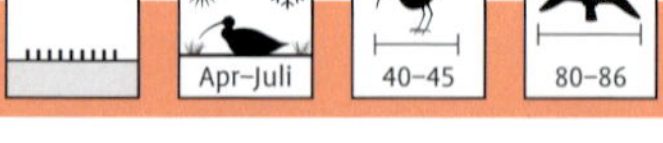

Säbelschnäbler

Recurvirostra avosetta
Stelzenläufer

Merkmale: Säbelschnäbler sind elegante Vögel und unverkennbar. Das weiße Gefieder wird von wenigen schwarzen Federpartien eingerahmt, Nacken und Scheitel sind ebenfalls schwarz. Der filigrane, an der Spitze deutlich aufwärts gebogene, schwarze Schnabel und die langen blaugrauen Beine sind die typischen Merkmale des Säbelschnäblers. Er ist mit keiner anderer heimischen Vogelart zu verwechseln.

Vorkommen: An den Küsten der Nordsee und des Ärmelkanals ist der Säbelschnäbler ein gewöhnlicher, wenn auch nur lokal häufiger Brutvogel, der sich überwiegend in Flachwasserbereichen nahe der Salzwiesenkante aufhält. Dort brüten die Paare auch in lockeren Kolonien auf trockenen Schlickbänken. Säbelschnäbler halten sich nur zur Brutzeit im Watt auf, dann ziehen sie fort. Den Winter verbringen sie an den sonnigen Küsten Nordafrikas.

Wissenswertes: Säbelschnäbler haben eine ihrer Nahrungsaufnahme sehr gut angepasste Schnabelform. Sie waten gern in dezimetertiefem Wasser und pendeln mit ihrem Kopf hin und her, wobei sie mit ihrem Schnabel kleine Lebewesen von der Wasseroberfläche abnehmen. Wie alle Limikolen (Watvögel) sind auch Säbelschnäbler in der Lage, kurze Strecken zu schwimmen. Bis zu vier gefleckte Eier legen die Weibchen in eine notdürftig ausgepolsterte Nestmulde am Boden. Die Bruten werden oft Opfer von sogenannten Heufluten, im Mai oder Juni auftretenden leichten Sturmfluten.

März–Okt | 42–46 | 77–80

Sandregenpfeifer

Charadrius hiaticula

Regenpfeifer

Merkmale: Ein flinker Regenpfeifer, der an seinem schwarz-weiß gezeichneten Kopf erkennbar ist. Eine schwarze Maske umgibt die Augen, der zum Rumpf hin ein weißer und ein weiterer schwarzer Halsring folgen. Scheitel, Rücken und Flügeldecken sind oliv- bis sandfarben, während der restliche Körper weiß gefärbt ist. Auffällig sind die orangefarbenen Beine und der zweifarbige Schnabel, der an der Basis orange leuchtet, aber eine schwarze Spitze aufweist. Ein orangefarbener Ring umgibt bei Männchen und Weibchen die Augen. Sehr ähnlich, aber mit schwarzen Beinen und Schnabel sowie unterbrochenem Halsring ist der seltenere **Seeregenpfeifer** (*C. alexandrinus*).

Vorkommen: Sandregenpfeifer sind an flachen Sandstränden und sandigen Wattkanten zu beobachten. Sie brüten an den Küsten Skandinaviens, der Nordsee und der Britischen Inseln. Die Überwinterungsgebiete liegen an den Küsten Südeuropas und Nordafrikas. Nordöstliche Populationen können auch im Wattenmeer überwintern.

Wissenswertes: Sand- und Seeregenpfeifer sind sehr seltene Brutvögel der heimischen Küsten, da sie sich ihr Brutgebiet oft mit den erholungssuchenden Menschen teilen müssen. Die Vögel scharren eine kleine Mulde in reichlich mit Muschelschalen durchsetzten Strandabschnitten und legen ihre vier gut getarnten Eier hinein. Gelege sind daher kaum zu erkennen und werden leicht zertreten. Für Brutvögel abgesperrte Strandabschnitte sollten daher in jedem Fall respektiert werden.

Goldregenpfeifer

Pluvialis apricaria
Regenpfeifer

Merkmale: Der Goldregenpfeifer kann nur mit dem sehr ähnlichen **Kiebitzregenpfeifer** (*P. squatarola*) verwechselt werden. Er ist oft nicht leicht zu sehen. Sein filigran gezeichnetes, gelb-schwarzes Rückengefieder lässt ihn optisch mit den Wiesen, auf denen er bevorzugt rastet, verschmelzen. Das Rückengefieder gibt dem Goldregenpfeifer sowohl im Pracht- als auch im Schlichtkleid seine „goldene" Farbe, es leuchtet im Prachtkleid auffälliger. Bauch- und Rumpfgefieder unterscheiden sich in beiden Kleidern aber deutlich. Während die Brust im Schlichtkleid (Foto rechts) beigebraun und dunkel gesprenkelt erscheint, ist die Unterseite der Vögel im Prachtkleid (Foto links) pechschwarz und wird durch ein breites weißes Band gegen das goldene Rückengefieder abgegrenzt. Dem sehr ähnlichen Kiebitzregenpfeifer fehlen in allen Kleidern gelbliche Gefiederpartien, er ist schwarz-weiß gemustert.

Vorkommen: Goldregenpfeifer sind skandinavische Brutvögel, die in Westeuropa und Nordafrika überwintern. Im Wattenmeer sind sie als Durchzügler im Mai und von August bis Oktober zu beobachten. Gelegentlich erscheinen in milden Wintern auch einige Wintergäste.

Wissenswertes: Die hübschen Vögel brüten in Skandinavien auf Hochmooren oder auf trockenen Bergwiesen mit Heidecharakter. Rastvögel sind eher auf binnendeichs gelegenen Wiesen als außerhalb auf den tidebeeinflussten Salzwiesen anzutreffen. Neben kleinen Bodentieren wie Käfern und Würmern fressen sie Beeren und Früchte.

Kiebitz

Vanellus vanellus
Regenpfeifer

Merkmale: Schon durch seinen charakteristischen Ruf ist der Kiebitz von weitem zu erkennen. Die schwarz-weißen Vögel gelten als Charaktertiere der Wiesen und landwirtschaftlich genutzter Flächen. Ihr dunkles Rückengefieder schimmert im Sonnenlicht grün und violett irisierend. Schwarz-weißer Kopf und die Brust gehen abrupt in einen weißen Bauch über, die Unterschwanzdecken sind deutlich rostbraun gefärbt. An der ungleichen Länge der Federhaube können Männchen und Weibchen unterschieden werden. Sie ist beim Männchen deutlich länger. Im Flug sind die lappenförmigen schwarzen Flügel erkennbar, deren vier äußere Schwungfedern weiße Spitzen haben. Der weiße Schwanz wird von einer schwarzen Kante begrenzt.

Vorkommen: Kiebitze brüten auf kurzrasigen Weiden und feuchteren Wiesen, auf denen sie einen guten Überblick haben. Viehbeweidung stört sie nicht. Über weite Teile Europas verbreitet, ist der Kiebitz an den deutschen Küsten ganzjährig zu beobachten, da zahlreiche Vögel nordöstlicher Populationen als Wintergäste nach Westeuropa ziehen.

Wissenswertes: Kiebitze ernähren sich von zahlreichen Gliederfüßern und Würmern. Ihre Küken sind Nestflüchter, die sofort schwimmen können und von den Eltern rasch in den Schutz des nächsten Grabens geführt werden. Aufgrund der Trockenlegung zahlreicher Wiesen ist der Bestand des Kiebitzes drastisch zurückgegangen. Inzwischen erholen sich die Bestände langsam.

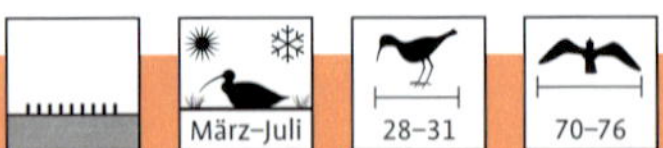

Steinwälzer

Arenaria interpres
Schnepfenvögel

Merkmale: Das bunte Prachtgefieder dieser robusten Limikolen (Watvögel) ist ihr auffälligstes Merkmal. Die Männchen sind etwas prächtiger gefärbt als die Weibchen. Eine charakteristisch filigrane, schwarz-weiße Kopfzeichnung wird ergänzt von einer Rückenzeichnung in schwarzen, roten und rostbraunen Farbtönen, durch die brütende Vögel optisch mit dem Tundrabewuchs verschmelzen. Der Bauch bleibt weiß. Steinwälzer bewegen sich auf kräftigen, leuchtend orangefarbenen Beinen flink fort. In der winterlichen Mauser erhalten sie nach und nach ein eintöniges braun-weißes Schlichtkleid, gut zu erkennen sind sie dann nur an ihren orangefarbenen Beinen.

Vorkommen: An den Küsten Westeuropas und der Nordsee sind Steinwälzer überwiegend im Winter anzutreffen. Ihr Brutgebiet liegt hoch im Norden in der arktischen Tundra. Die bunt gezeichneten Vögel mit ihrer charakteristischen Kopfzeichnung errichten ihr muldenförmiges Nest auf küstennahen Tundramatten oder an steinigen Ostseeküsten. In kleinen Trupps, aber oft auch allein gehen sie am Strand und auf Küstenschutzanlagen auf Nahrungssuche.

Wissenswertes: Eifrig eilen Steinwälzer auf Buhnen und Steinwällen entlang. Sie wühlen im Tang nach kleinen Tangfliegen, Schnecken und anderen Wirbellosen. Ihr auffälliges namengebendes Verhalten zeigen sie auf Stränden: Dort wenden sie hin und wieder kleine Steinchen, um die darunter lebenden Kleintiere zu fressen.

Sanderling

Calidris alba
Schnepfenvögel

Merkmale: Sanderlinge sind hocharktische Limikolen (Watvögel), die an heimischen Küsten nur im Winter anzutreffen sind. Ihr Winterkleid ist schlicht grau-weiß gefärbt, nur die Schäfte der Rückenfedern treten schwarz aus dem Gefieder hervor. Sie produzieren ein feines Streifenmuster. Am Flügelbug ist eine dunklere Färbung der Federn auszumachen, die gegenüber dem hellen Gefieder einen deutlichen Kontrast bildet. Männchen und Weibchen sind gleich gefärbt. Im Prachtkleid bekommt der Sanderling ein rötlich überhauchtes Rückengefieder, dessen Federn rostrot und schwarz gestreift sind. Die zarten Beine und der weiche Schnabel bleiben in allen Gefiedern schwarz.
Vorkommen: Die nächsten Brutplätze dieser ausgesprochenen Langstrecken-Zugvögel liegen in Nordost-Grönland und auf Spitzbergen. Sanderlinge sind von Juli bis Mai an der Nordseeküste zu beobachten.
Wissenswertes: Rastlos laufen Sanderlinge einzeln oder in kleinen Trupps auf langen Sandstränden an der Wasserkante hin und her und picken auf, was das Meer an Kleintieren anspült. Teilweise noch vor der Ankunft am Brutplatz oder kurz danach erfolgt die Paarbildung. Meistens liegt dann noch Schnee im Brutgebiet. Deshalb halten sich die Sanderlinge oft erst an der Küste auf. Nach der Schneeschmelze besetzen sie ihre Reviere. Als einziger Strandläufer hat der Sanderling keine Hinterzehe, daher rührt auch sein plattdeutscher Name „Drieteenstrandloper" (Dreizehenstrandläufer).

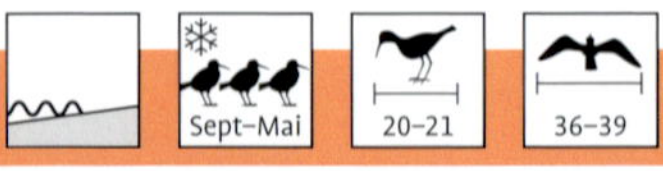

Knutt

Calidris canutus
Schnepfenvögel

Merkmale: Diese rundlichen Watvögel sind die größten Strandläufer. Sie wirken robust und ein bisschen untersetzt. Ihre keilförmigen, schmalen Flügel sind optimal an ihr Langstrecken-Zugverhalten adaptiert. Zweimal im Jahr wechselt der Knutt das Gefieder. Im Winter sind die Vögel unscheinbar gefärbt: Rücken, Hals und Kopf sind graubraun gescheckt, Rumpf und Bauch reinweiß. Zur Brutzeit dagegen werden sie zu äußerst farbenprächtigen Vögeln: Die weißen Partien des Rumpfgefieders weichen einem leuchtend rostroten Farbton, während sich das Rückengefieder in einer Mischung aus braunen, roten und weißen Farbtönen präsentiert.

Vorkommen: Knutts brüten im kurzen Sommer der Tundra Nordkanadas, Grönlands und Sibiriens. Sechs Wochen nach dem Abflug landen die rundlichen Strandläufer im August im westeuropäischen Wattenmeer und nutzen das üppige Nahrungsangebot der Schlickflächen. Den Winter verbringen die Vögel unter der Sonne von Mauretanien und Guinea. Aber schon im April beginnt die Rückkehr in ihre angestammten Brutgebiete.

Wissenswertes: Knutts haben einen weichen, spitzen Schnabel, mit dem sie kleine Würmer und Krebse aus dem sandigen Schlick ziehen. Ihr Körpergewicht ist während des Fluges um gut ein Drittel geschrumpft. Bei Ebbe verteilen sich die Vögel im Watt und suchen emsig nach Nahrung, bei Flut sieht man große Trupps dicht zusammengedrängt auf den noch trockenen Flächen ruhen.

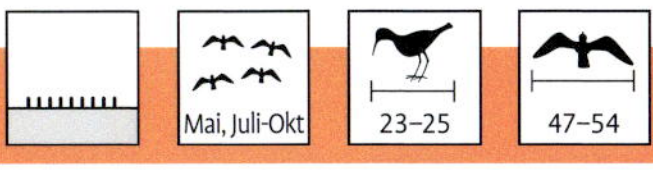

Alpenstrandläufer

Calidris alpina
Schnepfenvögel

Merkmale: Oberseits rötlich braun hat der Alpenstrandläufer als häufigste Limikole im Wattenmeer im Prachtkleid einen deutlichen schwarzen Bauchfleck. Die dunklen Federn des Rückengefieders haben mehr oder weniger breite rötliche und cremefarbene Federränder. Der rötliche Scheitel wird von einem deutlichen Überaugenstreif begrenzt. Der weiche und spitze, leicht nach unten gebogene Schnabel und die zarten Beine sind schwarz. Im winterlichen Schlichtkleid mit einheitlich grauer Oberseite, weißem Bauch und Brust. Auf den dunklen, keilförmigen Flügeln im Flug mit hellem Flügelstreif, der weiße Schwanz endet mit einer schwarzen Binde. Oberschwanzdecken und Bürzel sind durch dunkle Federn längsgeteilt.

Vorkommen: In großen Schwärmen fallen zahllose Alpenstrandläufer zur Zugzeit im Wattenmeer ein. Von Juli bis Oktober suchen sie hier emsig nach Nahrung, einige wenige überwintern auch. Im Mai kehren arktische Brutvögel zurück in ihre Brutgebiete in Tundren und nassen Mooren. In Schleswig-Holstein auf Strandwiesen ein seltener Brutvogel, an der südlichen Nordseeküste nur als Durchzügler und Wintergast.

Wissenswertes: Ein Alpenstrandläufer verbraucht während seines Fluges von Nordskandinavien ins Wattenmeer gut die Hälfte seiner Körperfettreserven, die er nun in kurzer Zeit wieder auffüllen muss, um den Weiterflug in die westafrikanischen Überwinterungsgebiete zu schaffen.

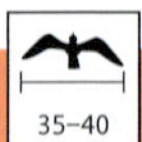

Meerstrandläufer

Calidris maritima
Schnepfenvögel

Merkmale: Etwas größer als der Alpenstrandläufer ist der ähnliche Meerstrandläufer. Sein Gefieder ist insgesamt und in allen Kleidern sehr viel dunkler gefärbt, wenngleich es dem des Alpenstrandläufers im Prachtkleid sehr ähnlich sieht. Vögel an den heimischen Küsten werden eher in ihrem dunklen Schlichtkleid angetroffen und können daher leichter mit Steinwälzern verwechselt werden. Jedoch haben sie einen längeren und spitzeren Schnabel mit gelblicher Färbung und deutlich hellere Beine, die ebenfalls einen gelblichen Farbton haben. Der Übergang zwischen dunklem Rücken- und hellem Brustgefieder ist fließender und nicht so abrupt wie beim Steinwälzer. Im Flug ist der Meerstrandläufer auffallend dunkel, er hat einen feineren Flügelstreif als der Alpenstrandläufer und der Steinwälzer.

Vorkommen: Meerstrandläufer sind Wintergäste an den Küsten von Nord- und Ostsee und Ärmelkanal, die von September bis April an deutschen Küsten beobachtet werden können. Sie brüten auf baumlosen, steinigen und flechtenreichen Tundramatten in den Bergen Skandinaviens und Islands.

Wissenswertes: Die kleinen Vögel sind im Winter häufig bei uns zu beobachten. Meerstrandläufer rasten in kleinen Trupps auf Buhnen, Hafenmolen und anderen steinigen Uferschutzanlagen. Aufgrund ihres dunklen Gefieders sind sie schwer auszumachen, wenn sie zwischen trockengefallenen Tangen und Algen nach Tangfliegen und anderen Kleintieren suchen.

Großer Brachvogel

Numenius arquata
Schnepfenvögel

Merkmale: Als größte Schnepfe Mitteleuropas ist der Große Brachvogel sehr leicht zu erkennen. Sein Markenzeichen ist der sehr lange, abwärts gebogene Schnabel. Das Gefieder der Vögel ist unscheinbar graubraun gefärbt. Ein dunkles Strichelmuster sorgt für ein schuppiges Aussehen. Der ockergelbe bis beige Grundton ist auf dem Rücken etwas intensiver, während er an Brust und Bauch fast ins Weiße übergeht. Brachvögel sind ausgesprochen gute und wendige Flieger, die sehr weite Strecken zurücklegen können. Im Flug ist auf ihrem Rücken ein leuchtend weißer Keil zu erkennen. Seine graugrünen Beine machen den Großen Brachvogel aber auch zu einem guten Fußgänger. Gemächlich oder auch eilig stolziert ein Brachvogel durch den Schlick, oft stehen die Vögel auch „knietief" im Wasser.

Vorkommen: Große Brachvögel brüten im niederen Tundrabewuchs Skandinaviens und auf offenen Wiesen. An der Nordseeküste sind sie als Brutvögel in den älteren Dünen zu finden. Brachvögel überwintern an den Stränden der westeuropäischen Küsten und Nordafrikas. Zur Hochwasserzeit versammeln sie sich an trockenen Stellen und ruhen sich aus. Bei Ebbe verstreuen sie sich zur Nahrungssuche in die Watten.

Wissenswertes: Große Brachvögel sind Langstrecken-Zugvögel. Wiederfunde von Ringen belegen, dass in Deutschland überwinternde Vögel in Nordostsibirien brüten. Große Brachvögel sind sehr wachsam und erheben sich bei Gefahr mit lautem Flöten in die Luft.

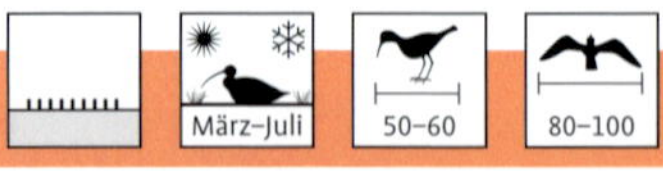

Uferschnepfe

Limosa limosa

Schnepfenvögel

Merkmale: Uferschnepfen haben einen langen, geraden oder leicht nach oben gebogenen Schnabel. Auf langen und kräftigen Beinen schreiten sie zielstrebig und schnell Wiesen ab. Hals und Kopf sind im Prachtkleid leuchtend ziegelrot gefärbt, während das Rückengefieder typisch watvogelartig gescheckt ist. Im Flug zeigt die Uferschnepfe in allen Kleidern eine breite weiße Flügelbinde, der weiße Schwanz endet mit einer breiten schwarzen Endbinde. Daran sind sie leicht von Pfuhlschnepfen und Brachvögeln zu unterscheiden. Männchen und Weibchen sind nicht zu unterscheiden. Im Schlichtkleid vermausern die Vögel das prächtige Brutkleid zu einem graubraunen Gefieder. Ihr aufrechter Gang, das laute Warnverhalten und ihr farbenfrohes, kontrastreiches Gefieder machen die Wiesenbrüter zu außergewöhnlichen und auffälligen Limikolen (Watvögeln).

Vorkommen: Uferschnepfen sind in Deutschland nur zur Brutzeit heimisch. Sie brüten in Feuchtgebieten auf Wiesen. An der Küste lassen sich die Schnepfen auf den binnendeichs gelegenen Weiden und Wiesen gut beobachten. Zeitig im Juli ziehen sie in ihre Überwinterungsgebiete in West- und Ostafrika. Sie kehren im März oder April zurück.

Wissenswertes: Als Wiesenbrüter waren sie ursprünglich weit auf feuchten Flächen verbreitet. Der Bestand ist rückläufig, da immer mehr potenzielle Brutareale verschwinden. Uferschnepfen brüten versteckt in hohem Gras. Oft ist nur der warnende Partner zu sehen, wenn er von einem Zaunpfahl aus laut das Brutrevier verteidigt.

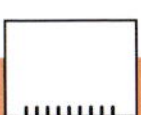

Pfuhlschnepfe

Limosa lapponica

Schnepfenvögel

Merkmale: Durch ihren relativ deutlich nach oben gebogenen Schnabel und die kürzeren Beine ist die Pfuhlschnepfe von der Uferschnepfe zu unterscheiden. Im Prachtkleid ist sie nahezu am ganzen Körper leuchtend ziegelrot gefärbt. Lediglich die Federn des Rückengefieders weisen dunkelbraune Zentren auf. Die Schwingen sind dunkel, die Flügeldecken grau gefärbt. Der feine lange Schnabel und die schlanken Laufbeine sind schwarz. Etwas kleiner, gedrungener und weniger aufrecht schreitend als die Uferschnepfe tritt die Pfuhlschnepfe zur Zugzeit im Wattenmeer in großen Schwärmen auf. Im Flug unterscheidet sie sich von der Uferschnepfe durch ihre einfarbigen Flügel und das Fehlen einer kontrastreichen Endbinde am Schwanz. Dafür leuchtet auf ihrem Rücken ein weißer Keil, ähnlich wie beim Rotschenkel.

Vorkommen: Pfuhlschnepfen sind im Wattenmeer nur zur Zugzeit zu beobachten. Gelegentlich überwintern einige Nachzügler. Der Heimzug findet von März bis Mai statt, aber schon im Juli und August können die Vögel auf dem Weg in die Winterquartiere wieder beobachtet werden. Die mittelgroßen Schnepfen brüten auf Mooren und Tundren in der nördlichen Taiga Sibiriens und Nordskandinaviens.

Wissenswertes: Pfuhlschnepfen brüten im kurzen Sommer der Taiga. In Windeseile ziehen sie ihren Nachwuchs auf, denn schon bald vertreiben sie Frost und herannahendes Packeis aus ihrem Brutgebiet. Den Winter verbringen die Vögel in Westafrika.

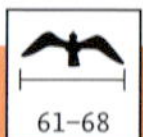

Rotschenkel

Tringa totanus
Schnepfenvögel

Merkmale: Der Rotschenkel ist eine vor allem durch seine Stimme auffällige Schnepfe. Sein eintönig erscheinendes Gefieder entpuppt sich bei genauer Betrachtung als fein gestreift. Schwarzbraun und weiß gemusterte Federn sorgen für ein feines Fleckenmuster, das den kompletten Körper überzieht. Auf dem Rücken ist es etwas kräftiger ausgebildet, am Bauch verliert sich die Streifung. Im Schlichtkleid weicht es einem einfarbig braungrauen Gefieder. Die Schnabelbasis und die langen, schlanken Beine sind leuchtend rot gefärbt und geben dem Vogel ein nahezu unverkennbares Aussehen. Erkennbar sind die Tiere vor allem an ihren flötenden, melodischen Trillerrufen, die sie während des Fluges abgeben. Im Flug erkennt man einen weißen Keil auf dem Rücken und deutliche weiße Hinterränder auf den Flügeln.

Vorkommen: Rotschenkel sind hochbeinige Limikolen (Watvögel), die schnell laufend am Rand der Salzwiesen und an Prielrändern Kleintiere jagen. An den Nordseeküsten sind sie das ganze Jahr über zu beobachten. Sie brüten versteckt in der Vegetation in der Nähe von Prielrändern.

Wissenswertes: Oft sind Rotschenkel am Rande feuchter Wiesen melodisch flötend auf Zaunpfählen zu sehen. Sie überwachen von dieser erhöhten Warte ihr Revier. Geraten Rotschenkel bei der Nahrungssuche gelegentlich in tieferes Wasser, dann schwimmen sie auch ein kurzes Stück. Sehr ähnlich ist der etwas größere und kontrastreichere **Grünschenkel** (*T. nebularia*), dem das Rot der Beine und des Schnabels fehlt.

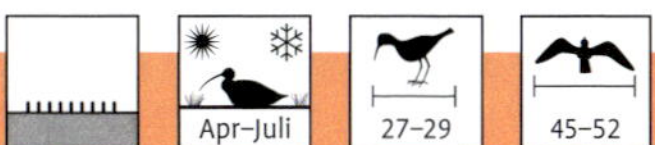

Lachmöwe

Larus ridibundus
Möwen

Merkmale: Lachmöwen sind kleine, überall gegenwärtige Möwen, die durch ihre schokoladenbraune Kapuze im Sommer unverwechselbar sind. Ein weißer Ring umrahmt das Auge. Die Kapuze weicht im Schlichtkleid einem weißen Kopf mit dunklem Ohrfleck (Foto Seite 208). Der Mantel ist silbergrau, Rumpfgefieder und Schwanz sind weiß. Die Schwingen sind dunkel, auf dem Vorderrand des Handflügels befindet sich ein leuchtend weißer Keil, an dem die Lachmöwe in allen Kleidern auch im Flug leicht bestimmt werden kann. Durch den roten Schnabel und die roten Beine ist sie lediglich mit der deutlich kleineren **Zwergmöwe** (*L. minutus*) verwechselbar, die aber viel seltener ist und deren schwarze Kappe sich bis in den Nacken hinabzieht. Durch ihren lachenden Ruf ist die Lachmöwe vor allem auch in ihren Kolonien leicht bestimmbar.

Vorkommen: Lachmöwen brüten in lockeren Kolonien an den Prielrändern in der Salzwiese. Sie sind die in Europa am weitesten verbreiteten Möwen. In Mitteleuropa ganzjährig zu beobachten, treffen im Herbst zahlreiche Vögel nordöstlicher Populationen an der Nordsee und an den Küsten Südeuropas ein, um dort zu überwintern.

Wissenswertes: Ursprünglich war die Lachmöwe eine reine Festlandsmöwe, die sich erst ab etwa 1960 auf den Inseln angesiedelt hat, da ihre angestammten Bruthabitate und Brutplätze am Festland nach und nach zerstört wurden. Lachmöwen halten sich inzwischen überall auf und sind zu geschickten Kulturfolgern geworden.

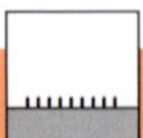

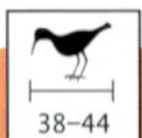

Sturmmöwe

Larus canus
Möwen

Merkmale: Sturmmöwen sind kleiner als die ähnlich gefärbten Silbermöwen und haben gelbgrüne Beine. An ihrer schwarzen Iris sind sie gut von zahlreichen Großmöwen zu unterscheiden. Außerdem fehlt ihnen der rote Fleck am Schnabel. Etwa so groß wie eine Lachmöwe, bevölkern Sturmmöwen in nicht ganz so großer Zahl die Dünen und Watten. In lockeren Kolonien brüten die silbergrauweißen Vögel mit dem gelben Schnabel in Sekundärdünen und gelegentlich in trockneren Salzwiesen. Auch im Winter begegnet man Sturmmöwen, die dann feine bräunliche Streifen auf dem Kopfgefieder ausbilden. Ihr Schnabel verfärbt sich grau und zeigt oft einen schwarzen Ring kurz vor der Spitze. Die großen grauen Schwingen haben schwarze Spitzen, deren weißes Fleckenmuster für die Sturmmöwen charakteristisch ist.

Vorkommen: Sturmmöwen brüten in Dünen und Salzwiesen. Während des Winters verbringen die Vögel viel Zeit auf See. An der Ostsee ist die Sturmmöwe ein häufiger Brutvogel der Küsten. Weit über Nordeuropa verbreitet, fehlt sie am Mittelmeer und an südeuropäischen Atlantikküsten.

Wissenswertes: Sturmmöwen ernähren sich überwiegend von Fischen und anderen marinen Organismen. Oft kann man Sturmmöwen aber auch auf umgepflügten Äckern Bodentiere und Insektenlarven jagen sehen. Im Winter verstreichen zahlreiche Vögel ins Binnenland, während osteuropäische Tiere an der Nordsee überwintern.

Silbermöwe

Larus argentatus
Möwen

Merkmale: Silbermöwen sind die häufigsten Großmöwen an der Küste. Zu erkennen sind sie vor allem an ihrem kräftigen gelben Schnabel mit dem roten Fleck. Der silberfarbene Mantel und die schwarzen Flügelspitzen mit ihren weißen Flecken erinnern an eine Sturmmöwe. Allerdings ist die Silbermöwe bedeutend größer, hat fleischfarbene Beine und eine gelbe Iris. Jungvögel sind braun-weiß gescheckt. Sie haben schwarze Schnäbel und fleischfarbene Beine. Noch nicht geschlechtsreife Vögel bilden auf dem Mantel immer mehr hellgraue Federn aus, bis sie nach vier Jahren das Kleid der adulten Tiere anlegen.
Vorkommen: Beschränkt auf die Küsten Nord- und Westeuropas, sind Silbermöwen an den deutschen Küsten ganzjährig zu beobachten. Sie brüten in den Weißdünen, sind inzwischen aber fast überall anzutreffen.

Wissenswertes: Silbermöwen sind klassische Kulturfolger. Ursprünglich ernährten sie sich von Fisch und Fischresten, während eine zunehmende Zahl vermehrt auf Mülldeponien und in touristischen Zentren auf Nahrungssuche geht. Die Möwen sind bei der Nahrungswahl selten wählerisch. Sie brüten in dichten und großen Kolonien zwischen Strandhaferhorsten in den Weißdünen. Silbermöwen können mit der etwas größeren, gelbbeinigen **Weißkopfmöwe** (*L. cachinnans*), die rund um das Mittelmeer beheimatet ist, verwechselt werden. Jungvögel lassen sich nur schwer von den gleichgroßen Jungvögeln der Heringsmöwe unterscheiden.

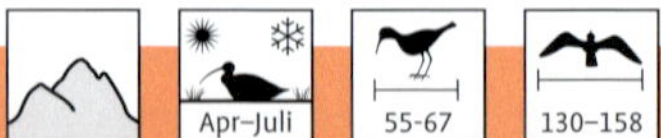

Heringsmöwe

Larus fuscus
Möwen

Merkmale: Ähnlich groß wie die Silbermöwe, ist die Heringsmöwe sehr gut an ihrem dunkelgrauen Mantel und den lackgelben Beinen zu erkennen. Der kräftige gelbe Schnabel mit dem roten Fleck und die gelbe Iris der Augen kennzeichnen diese häufige Möwe. Der weiße Hinterrand der Schwingen hebt sich deutlich von der dunklen Färbung der Schwung- und Deckfedern ab. Heringsmöwen besitzen nur ein kleines weißes Fenster vor der schwarzen Spitze der äußeren Handschwinge. Jungvögel sind deutlich dunkler als die der Silbermöwe, haben einheitlich dunkelbraune Oberseiten der Schwingen und eine dunklere Schwanzbinde. Adulte Heringsmöwen sind aufgrund ihres gelegentlich schiefergrauen Rückens vereinzelt mit der Silbermöwe zu verwechseln, können aber an unseren Küsten durch ihre leuchtend gelben Beine als Heringsmöwe bestimmt werden.

Vorkommen: Brütet in locker bewachsenen Weißdünen in großen Kolonien. Aufgrund ihrer Ernährung sind Heringsmöwen deutlicher auf die Küste beschränkt.

Wissenswertes: Heringsmöwen sind Zugvögel, die sich im Winter auf die Britischen Inseln und nach Nordafrika zurückziehen. Sie werden dann an der deutschen Küste durch die deutlich größere **Mantelmöwe** (*L. marinus*) ersetzt, die durch ihre Größe und die fleischfarbenen Beine gut von der Heringsmöwe zu unterscheiden ist. Heringsmöwen sind reine Fischfresser, die in großer Zahl Fischkuttern folgen und den über Bord geworfenen Beifang fischen.

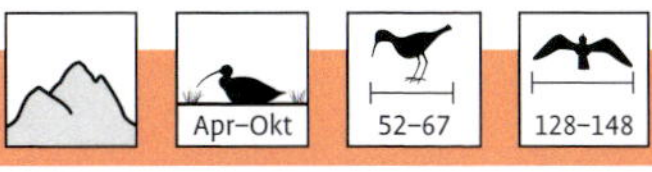

Brandseeschwalbe

Sterna sandvicensis
Seeschwalben

Merkmale: Schlank und elegant kreuzen Brandseeschwalben vor den Stränden entlang und fischen im Sturzflug kleine Sandaale. Die großen, aber grazilen Seeschwalben wirken fast ganz weiß, haben jedoch einen hellgrauen Mantel und eine deutliche schwarze Kapuze, die sich bis weit in den Nacken zieht und dort einen kleinen Schopf bildet. Der schwarze Schnabel hat eine hellgelbe Spitze, die kurzen Beine sind ebenfalls schwarz. Lange, schmale und spitze Flügel weisen die Brandseeschwalbe als Langstrecken-Zugvogel aus. Brandseeschwalben stehen an Land aufrechter als andere Seeschwalben.
Vorkommen: Brandseeschwalben brüten in lockeren Kolonien auf ungestörten Stränden und Muschelschillbänken. Nach der Brut ziehen sie sich auf die Nordsee zurück, um dann im September in ihre Überwinterungsgebiete vor den Küsten Westafrikas zurückzukehren.
Wissenswertes: Die schlanken Vögel ernähren sich von kleinen Fischen und Sandaalen, die sie im Sturzflug erbeuten. Oft kann man die Seeschwalben wie ein Falke rüttelnd über dem seichten Wasser beobachten, bis sie sich urplötzlich fallen lassen und mit einem Fisch im Schnabel wieder auftauchen. Zwischen Brut- und Nahrungsgebiet pendelnde Brandseeschwalben erkennt man an ihren rauen, krächzenden Rufen, die den Vögeln vorauseilen. Sie kehren sehr früh aus dem Winterquartier zurück und sind mitunter schon im März wieder an der Nordseeküste zu beobachten.

März–Sept | 36–41 | 95–110

Küstenseeschwalbe

Sterna paradisaea

Seeschwalben

Merkmale: Schlanker, zierlicher und ein wenig hektischer als die Brandseeschwalbe erscheint die Küstenseeschwalbe Ende April vor den Stränden der Nordseeküste. Ihr hellgrauer Mantel ist deutlicher zu erkennen, die schwarze Kapuze bildet keinen Federschopf aus. Der Schnabel und die sehr kurzen Beine sind leuchtend korallenrot. Deutlich dunklere Spitzen heben sich von den schlanken, hellgrauen Flügeln ab. Die Steuerfedern (die langen Federn am Schwanz) überragen bei stehenden Vögeln die Spitzen der Flügel. Küstenseeschwalben sind leicht mit der ähnlichen **Flussseeschwalbe** (*S. hirundo*) zu verwechseln. Diese hat an ihrem roten Schnabel eine deutliche schwarze Spitze und etwas längere Beine. Ihre Steuerfedern ragen im Stehen nicht über die Spitzen der Flügel hinaus. Die Jungvögel beider Seeschwalben haben eine weiße Stirn und braune Federränder auf dem Mantel.

Vorkommen: Küstenseeschwalben sind an die Küste und die Inseln gebunden, während Flussseeschwalben auch weiter im Binnenland brüten. In lockeren Kolonien brüten die Vögel auf übersichtlichen Salzwiesenbereichen, gern in der Nähe von Prielen. Sie fischen in seichten Bereichen vor den Stränden.

Wissenswertes: Küstenseeschwalben haben einen der längsten Zugwege aller Vogelarten. Sie überwintern in der Antarktis, sind aber schon Anfang Mai zurück, um an der Nordsee bis August ihre Jungen aufzuziehen. Die beiden „Rotfüßigen“ ernähren sich von kleinen Fischen, die sie im Sturzflug erbeuten.

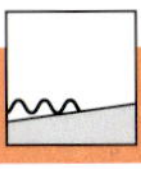

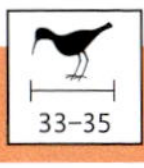

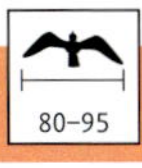

Zwergseeschwalbe

Sterna albifrons
Seeschwalben

Merkmale: Zwergseeschwalben sind die kleinsten der heimischen Seeschwalben und an ihrer geringen Größe leicht zu erkennen. Sie bilden in allen Kleidern eine deutliche weiße Stirn aus, ihre schwarze Kapuze zieht sich bis weit in den Nacken. Der Schnabel und die kurzen Beine sind leuchtend gelb, der lange, zierliche Schnabel weist eine feine schwarze Spitze auf. Der Mantel der Zwergseeschwalben ist hellgrau, im Sonnenlicht erscheinen die Vögel oft reinweiß. Lediglich die dunklen Außenkanten der Schwingen setzen sich vom Rest des Gefieders ab.

Vorkommen: Zwergseeschwalben brüten auf sandigen, mit Muschelschill bedeckten Stränden oder in locker bewachsenen Embryonaldünen. Sie fischen vor den Stränden der Inseln, stets in der Nähe des Brutgebietes. Schon ab Juli ziehen die zierlichen Vögel in ihre Winterquartiere nach Afrika, sind aber zeitig im April wieder zurück.

Wissenswertes: Die Zwergseeschwalbe ist ein selten gewordener Brutvogel, da immer mehr Strandabschnitte durch eine hohe Besucherfrequenz für die Vögel als Brutareale verloren gehen. Aus diesem Grund sollten abgezäunte Strandabschnitte auch nicht betreten werden. Zwergseeschwalben bauen keine Nester, sie legen ihre vier Eier in eine kleine Mulde im Sand und umgeben das Gelege mit einigen Muschelschalen. Im Muschelschill sind die Gelege so gut getarnt, dass sie versehentlich schnell zertreten werden. Fehlen Igel als Eierräuber, haben die Zwerge kaum Feinde.

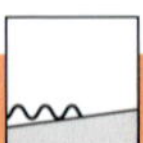

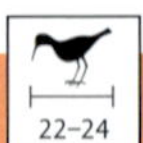

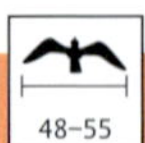

Sumpfohreule

Asio flammeus

Eulen

Merkmale: Die Sumpfohreule ist die einzige heimische tagaktive Eule. Sie ist ein ständiger Brutvogel auf den Nordseeinseln. Neben dem eulentypischen Aussehen (übermäßig lang erscheinende, gerade Flügel, runder Kopf, kleiner Körper) ist die Sumpfohreule an ihrem hell cremefarbenen, braun gefleckten Gefieder schnell zu erkennen. Bei stehenden Vögeln sind die gelben Augen in ihrer dunklen Umrandung gut zu sehen. Bei Erregung werden kleine Federohren aufgestellt, die der Eule auch den Namen gaben. Sehr ähnlich, in allen Bereichen des Gefieders aber dunkler und orangefarbener, jagt auf den Inseln in der Dämmerung die **Waldohreule** (*A. otus*). Ihre Augen leuchten orange, die Federohren sind deutlicher zu sehen und länger. Sie unterscheidet sich im Flug durch breitere Flügel und eine feinere Streifung der Schwingen.

Vorkommen: Sumpfohreulen sind Bodenbrüter, die sich in offenen Gebieten von Mooren und Heiden oder in Schilfgebieten niederlassen und ihre Jungen aufziehen. Sie sind sehr scheu, dennoch kann man die tagaktiven Vögel oft bei der Jagd in Dünen und Salzwiesen beobachten.

Wissenswertes: Beide Eulenarten ernähren sich überwiegend von kleinen Nagetieren. In schlechten Nagetierjahren erlegen sie aber auch Kleinvögel und deren Junge. Sumpfohreulen sind selten gewordene Eulen, die auf den Inseln noch ein letztes Refugium halten können, da vor allem bodenlebende Eierdiebe wie der Igel fehlen.

Feldlerche

Alauda arvensis
Lerchen

Merkmale: Melodisch flötend und singend steigen Feldlerchen über den Salzwiesen weit hinauf in den Himmel und lassen ihren Gesang weithin hörbar erklingen. Die kleinen Lerchen sind die häufigsten Europas. An ihrem unscheinbar ockerfarbenen gescheckten Gefieder und der beim Gesang im Frühjahr aufgestellten, kleinen Haube sind sie leicht zu erkennen. Man wird sie jedoch eher durch ihren ununterbrochen vorgetragenen Gesang bestimmen, da man sie selten zu Gesicht bekommt. Der Schnabel der Vögel ist relativ kurz und kräftig, da er einer vielfältigen Ernährung dient. Im Winter sind Feldlerchen unscheinbarer, da sie dann weniger gesangsfreudig sind.
Vorkommen: Weitverbreitet brüten Feldlerchen in den Salzwiesen der Inseln und auf den Wiesen an der Küste. Die zierlichen Vögel sind in Deutschland das ganze Jahr über anzutreffen, da nordöstliche Populationen in Mitteleuropa überwintern.
Wissenswertes: Feldlerchen zeigen ein typisches Revierverhalten. Sie steigen singend senkrecht über ihrem Revier bis zu 800 m weit in den Himmel auf, um sich dann ebenfalls singend gemächlich wieder fallen zu lassen. Oft singen die Vögel aber auch in flatterndem, stillstehendem Flug in sehr großer Höhe. Ihr Gesang ist von Sonnenaufgang bis Sonnenuntergang zu hören. Feldlerchen ernähren sich von Insekten, kleinen Tieren, Beeren, Samen und anderen Pflanzenteilen.

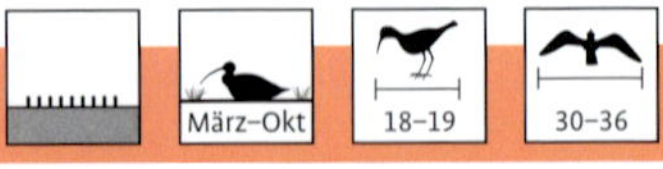

Wiesenpieper

Anthus pratensis
Pieper und Stelzen

Merkmale: Der Wiesenpieper bevölkert zahlreich die Salzwiesen und legt ein verstecktes Nest in dem kurzen Bewuchs an. Von der Feldlerche ist er hauptsächlich durch sein ockerfarben und schwarz gestreiftes Federkleid und den schlankeren, spitzeren Schnabel zu unterscheiden. Pieper haben eine helle Kehle, die seitlich durch dunkle Bartstreife begrenzt wird. Flanken und Mantel sind deutlich gestreift, die Kanten des Schwanzes leuchten bei landenden Tieren weiß auf. Wie bei allen Piepern sind die Krallen der nach hinten weisenden Zehen stark verlängert. Wiesenpieper führen einen typischen Singflug vor: Singend steigen sie auf, um sich anschließend langsam wieder fallen zu lassen. Oft werden sie auch singend auf Baumspitzen gesehen.
Vorkommen: Wiesenpieper brüten versteckt in offenem Gelände, auf den Inseln in den oberen Salzwiesen und im Deichvorland. In Deutschland sind sie das ganze Jahr zu beobachten, heimische Vögel, die zum Überwintern nach Nordafrika fliegen, werden durch Vögel nordöstlicher Populationen ersetzt.
Wissenswertes: Ein ähnlicher Pieper, jedoch nur zur Zugzeit und im Winter zu beobachten, ist der etwas größere **Strandpieper** (*A. petrosus*). Strandpieper brüten in Skandinavien an steinigen Küsten. Auf der dunkelgrauen Oberseite ist die Streifung des Gefieders schwer zu erkennen. Ihre Beine sind dunkel grauviolett. Oft werden sie an Stränden im Spülsaum oder an steinigen Bereichen der Küsten gesehen.

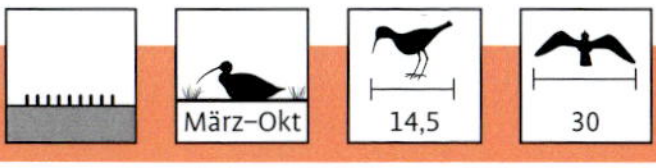

Anhang

Blühzeitenkalender

Der Blühzeitenkalender auf den folgenden Seiten soll das Bestimmen der Pflanzen vereinfachen, indem er darstellt, welche Pflanzenarten zu jener Zeit blühen, in der man sich im Gebiet aufhält. Dargestellt ist dies als waagerechter Balken in einer Monatstabelle. Die Färbung der Balken gibt eine zusätzliche Information über die Blütenfarbe. Dabei bedeutet:

- weiß
- gelb
- rot, rosa
- blau, lila, violett
- unscheinbare Blüten, meist Gräser und Bäume

Die Angabe der Blühzeit sind Richtwerte, die einschlägigen Standardwerken entnommen wurden. Die Blühzeiten der Pflanzen können jedoch je nach Klima und Jahresverlauf in gewissem Maße abweichen. Oft kommt es zum Beispiel vor, dass Meersenf oder Strandkamille noch im Dezember blühend anzutreffen sind. Viele der Pflanzen sind abhängig von der Sonnenscheindauer und der aufgenommenen Lichtmenge.
Ebenso kann vor allem in der Salzwiese die Überflutungshäufigkeit starken Einfluss auf die Blühzeit haben. Einige Pflanzen kommen bei ungünstiger Überflutungsfrequenz in diesem Jahr überhaupt nicht zur Blüte.
Auch wenn botanisch gesehen die Frucht die „Blüte im Zustand der Samenreife“ ist, so beziehen sich die hier angegebenen Zeiten jedoch nur auf die wirkliche Blühzeit von der Öffnung der ersten Knospe bis zum Verblühen der letzten Blüte. Daran schließt sich bei den meisten Pflanzen direkt die Fruchtreife an, einige Arten können allerdings auch eine kleine Pause einlegen. Die Reifezeit der Früchte ist abhängig von verschiedenen Faktoren, überwiegend das Wetter betreffende. Fast alle Früchte sind uns als Beeren oder Samen bekannt. Einige Pflanzen bilden jedoch Samen aus, die man kaum zu Gesicht bekommt, wie zum Beispiel die schwimmenden Samen des Quellers.

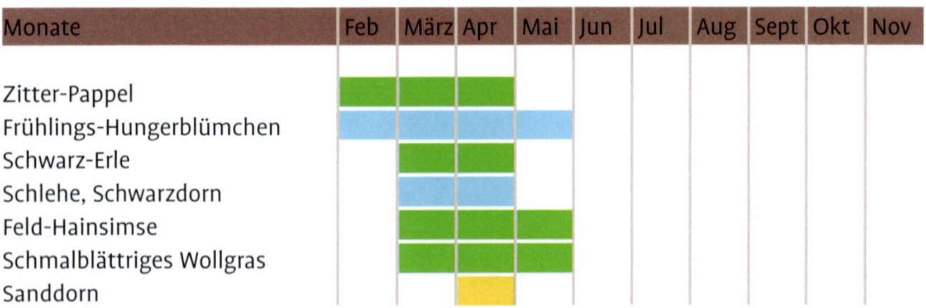

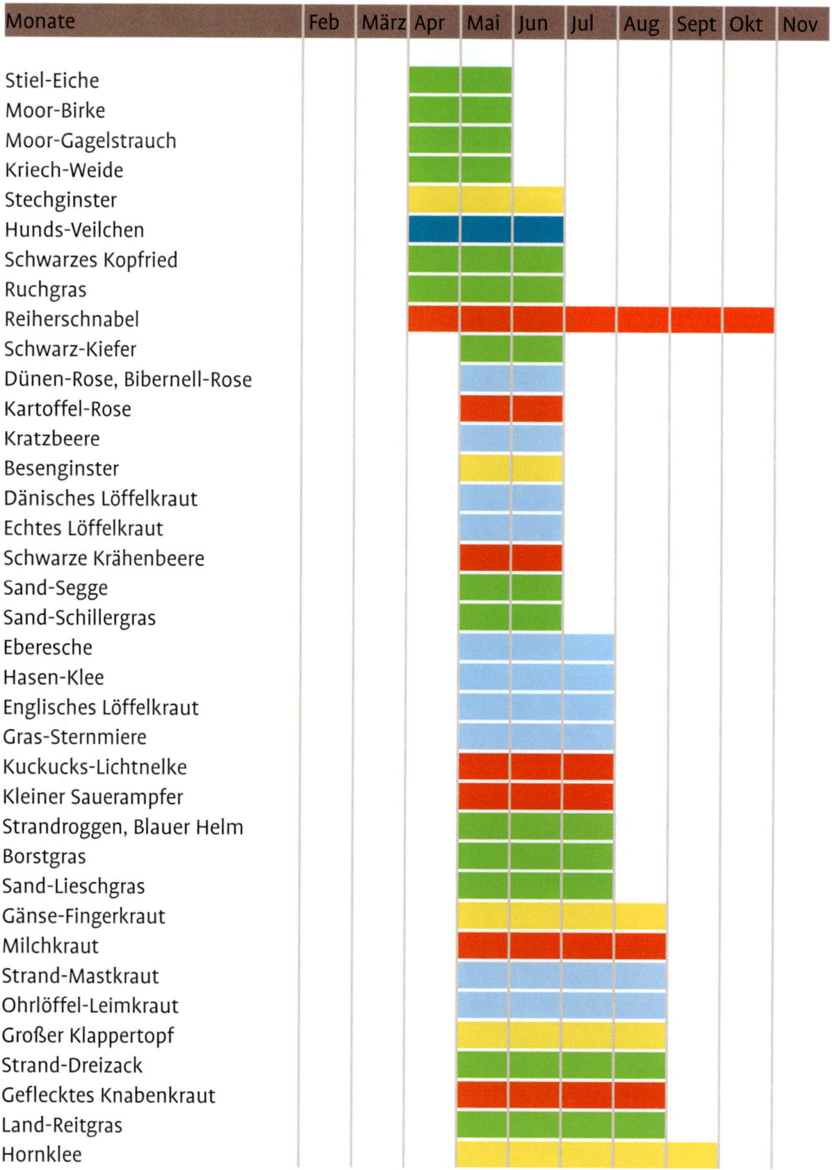
Monate
Feb
März
Apr
Mai
Jun
Jul
Aug
Sept
Okt
Nov
Stiel-Eiche
Moor-Birke
Moor-Gagelstrauch
Kriech-Weide
Stechginster
Hunds-Veilchen
Schwarzes Kopfried
Ruchgras
Reiherschnabel
Schwarz-Kiefer
Dünen-Rose, Bibernell-Rose
Kartoffel-Rose
Kratzbeere
Besenginster
Dänisches Löffelkraut
Echtes Löffelkraut
Schwarze Krähenbeere
Sand-Segge
Sand-Schillergras
Eberesche
Hasen-Klee
Englisches Löffelkraut
Gras-Sternmiere
Kuckucks-Lichtnelke
Kleiner Sauerampfer
Strandroggen, Blauer Helm
Borstgras
Sand-Lieschgras
Gänse-Fingerkraut
Milchkraut
Strand-Mastkraut
Ohrlöffel-Leimkraut
Großer Klappertopf
Strand-Dreizack
Geflecktes Knabenkraut
Land-Reitgras
Hornklee

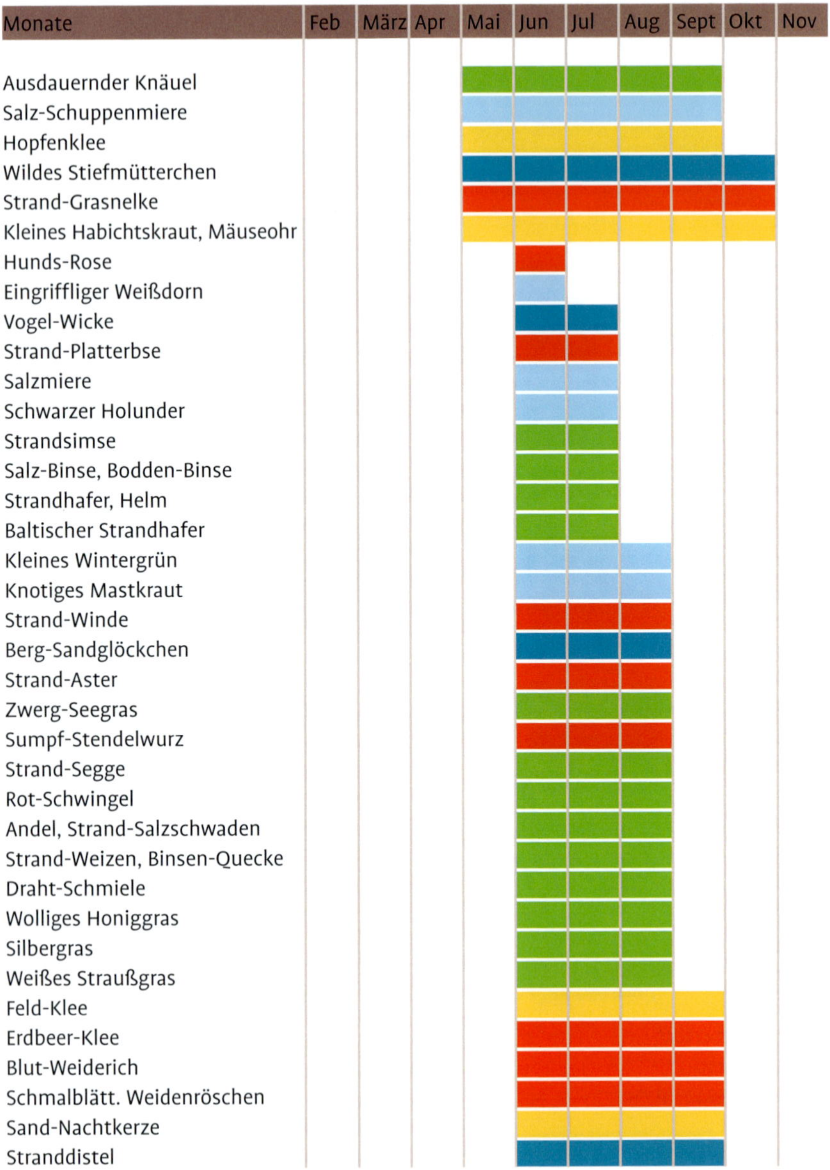
Monate
Feb
März
Apr
Mai
Jun
Jul
Aug
Sept
Okt
Nov
Ausdauernder Knäuel
Salz-Schuppenmiere
Hopfenklee
Wildes Stiefmütterchen
Strand-Grasnelke
Kleines Habichtskraut, Mäuseohr
Hunds-Rose
Eingriffliger Weißdorn
Vogel-Wicke
Strand-Platterbse
Salzmiere
Schwarzer Holunder
Strandsimse
Salz-Binse, Bodden-Binse
Strandhafer, Helm
Baltischer Strandhafer
Kleines Wintergrün
Knotiges Mastkraut
Strand-Winde
Berg-Sandglöckchen
Strand-Aster
Zwerg-Seegras
Sumpf-Stendelwurz
Strand-Segge
Rot-Schwingel
Andel, Strand-Salzschwaden
Strand-Weizen, Binsen-Quecke
Draht-Schmiele
Wolliges Honiggras
Silbergras
Weißes Straußgras
Feld-Klee
Erdbeer-Klee
Blut-Weiderich
Schmalblätt. Weidenröschen
Sand-Nachtkerze
Stranddistel

Monate	Feb	März	Apr	Mai	Jun	Jul	Aug	Sept	Okt	Nov
Spießblättrige Melde					grün	grün	grün	grün		
Echtes Labkraut					gelb	gelb	gelb	gelb		
Wiesen-Labkraut					hellblau	hellblau	hellblau	hellblau		
Scharfer Mauerpfeffer					gelb	gelb	gelb	gelb	gelb	
Dornige Hauhechel					rot	rot	rot	rot	rot	
Schmalblättriges Seegras					grün	grün	grün	grün	grün	
Dünen-Quecke						grün				
Wiesen-Wasserfenchel						hellblau	hellblau			
Rundblättriges Wintergrün						hellblau	hellblau			
Glocken-Heide						rot	rot			
Strand-Salzmelde						grün	grün			
Leinkraut						gelb	gelb			
Hundslattich						gelb	gelb			
Strand-Binse						grün	grün			
Sumpf-Herzblatt						hellblau	hellblau	hellblau		
Strand-Melde						grün	grün	grün		
Kali-Salzkraut						grün	grün	grün		
Strand-Sode						grün	grün	grün		
Strand-Tausendgüldenkraut						rot	rot	rot		
Roter Zahntrost						rot	rot	rot		
Augentrost						hellblau	hellblau	hellblau		
Rainfarn						gelb	gelb	gelb		
Schilf						grün	grün	grün		
Englisches Schlickgras						grün	grün	grün		
Tüpfelfarn						grün	grün	grün	grün	
Europäischer Meersenf						rot	rot	rot	rot	
Stielfrüchtige Salzmelde						grün	grün	grün	grün	
Strand-Wegerich						grün	grün	grün	grün	
Wasser-Minze						blau	blau	blau	blau	
Küsten-Kamille						hellblau	hellblau	hellblau	hellblau	
Strand-Beifuß						gelb	gelb	gelb	gelb	
Acker-Gänsedistel						gelb	gelb	gelb	gelb	
Doldiges Habichtskraut						gelb	gelb	gelb	gelb	
Hohes Schlickgras						grün	grün	grün	grün	
Besenheide						rot	rot	rot	rot	rot
Strandflieder							blau	blau		
Queller							grün	grün	grün	

Kleines Küstenlexikon

Angespül	Bezeichnung aller an der Flutmarke angespülten Pflanzen- und Tierreste sowie Müll.
Aufschlickung	Erhöhung des Watt-/Meeresbodens durch Sedimentation feinster Sandpartikel.
Benthos	Alle Lebewesen, die sich unmittelbar über, auf oder im Meeresgrund aufhalten.
binnendeichs	Auf der Innenseite des Deichs gelegen.
Buhne	Aus Gesteins- bzw. Basaltbrocken aufgeschütteter oder gebauter Steinwall, der senkrecht zum Strandverlauf ins Meer hineinläuft und strandparallele Strömungen unterbinden soll.
Deich	Aus Kleierde (Marschboden) bestehende wallartige Aufschüttung mit befestigten Böschungen, die das eingedeichte Land vor hohen Meerwasserständen schützt.
Diatomeen	Siehe Kieselalgen.
Dünen	Ausschließlich aus Sand bestehende und durch Wind und Wasser aufgehäufte Erhebungen, die eine charakteristische Pflanzenzusammensetzung aufweisen.
Dünental	Durch Windausblasung entstandene Täler in Dünenketten.
Ebbe	Zeitraum von Hochwasser bis Niedrigwasser (ca. 6 Stunden und 23 Minuten), im Volksmund oft irrtümlich für Niedrigwasser.
Flut	Zeitraum von Niedrigwasser bis Hochwasser, im Volksmund oft irrtümlich für Hochwasser gebraucht.
Flutmarke	Markierung aus Pflanzenresten und Muschelschalen am Strand, die von der letzten Flut angeworfen wurde.
Gezeiten	Wechselspiel der Gestirne mit den Wassermassen der Erde, verschieden wirkende Kräfte verursachen Ebbe und Flut, Hoch- und Niedrigwasser (siehe Seite 7).
Gezeitentümpel	Bei ablaufendem Wasser (Ebbe) in einer Mulde verbleibendes Seewasser, das ein Refugium für auf Seewasser angewiesene Tiere und Pflanzen während der Ebbe bildet.
Gezeitenzone	Bezeichnung der Zone zwischen Mitteltidehoch- und Mitteltideniedrigwasserlinie, Lebensraum für speziell an diesen Bereich angepasste Tiere und Pflanzen.
Groden	Landwirtschaftlich nutzbares, durch Aufschlickung entstandenes Grünland (= Heller).
Grüppe	In die Salzwiese gegrabene Rinne, die die Entwässerung des Bodens beschleunigen soll.
Halophyten	„Salzliebende" Pflanzen, die mit einem erhöhten Salzgehalt im Boden leben können und dafür entsprechende Anpassungen entwickelt haben.

Heller	Lokale Bezeichnung für Salzwiese oder Vorland, entstand über das griechische Wort „halos“ für Salz.
Helmpflanzung	In zerstörten Dünenabschnitten von Menschenhand gesetzte Strandhaferpflanzen, im Volksmund als Helm bezeichnet.
Heuflut	Windflut mit 1 bis 2 m erhöhter Tide im Mai oder Juni, zur Zeit der ersten Heuernte, oft mit verheerenden Auswirkungen auf am Boden brütende Möwen und Watvögel.
Hochwasser	Höchster Wasserstand einer Tide.
Hochwasserrastplatz	Rastplatz von Watvögeln bei Hochwasser, an dem die Tiere nicht gestört werden dürfen.
Kieselalgen (Diatomeen)	Einzellige Algen, deren Zellwand aus zwei Teilen besteht. Hauptbestandteil der Zellwand ist Kieselsäure. Kieselalgen überziehen in einer feinen braunen Schicht den Wattboden.
Koog	Dem Meer durch Eindeichung abgerungenes Land, das nun als sehr ertragreiches Weideland genutzt wird.
Küstenschutz	Maßnahmen zum Schutz des Festlands und der Inseln vor den Einflüssen des Meeres durch Küstenschutzbauwerke, Deich-, Buhnen- und Lahnungsbau, Reparatur der Dünen, Befestigung von Ufern durch Molen, Steindämme, Schutz der Inseln vor der Zerstörung.
Lahnung	Hölzerne Pfahlreihe, die zumeist senkrecht zum Deich ins Watt gebaut wird und mit Reisig gefüllt wird. Sie hat die Aufgabe, vorlandnahe, küstenparallele Strömungen zu brechen, das Wasser zu beruhigen und die mittransportierten Schwebstoffe zum Sedimentieren zu bringen. Sie unterstützt damit die natürliche Arbeit der Pflanzen der Vorländer.
Lahnungsfelder	Aus rechtwinklig zueinander gesetzten Lahnungen gebildete Bereiche (Felder) mit schmalen Öffnungen, durch die das Wasser ein- und abfließt.
Lee/Luv	Begriffe aus der Seefahrtssprache für die windabgewandte und die windzugewandte Seite.
Limikolen	Bezeichnung für Watvögel im weiteren Sinn.
marin	Das Meer betreffend, im Meer lebend.
Mitteltidehochwasser (MTHW)	Jahrelanger Mittelwert des Hochwasserstandes, Rechnungsgrundlage für Deichbau und Hochwasserangaben.
Mitteltideniedrigwasser (MTNW)	Jahrelanger Mittelwert des Niedrigwasserstandes, Rechnungsgrundlage für Niedrigwasserangaben.
Muschelschill	Bezeichnung für eine Anhäufung von (zerbrochenen) Muschelschalen und Schneckengehäusen, oft im Strömungsschatten einer Sandbank.
Nipptide	Durch Halbmond verursachter geringerer Hochwasserstand und höherer Niedrigwasserstand (Gegenteil: Springtide).
Nordfriesische Inseln	Inseln vor der Küste Nordfrieslands, die durch Zerschlagung des ehemaligen Festlands durch Sturmfluten entstanden sind.

Ostfriesische Inseln Kette natürlich entstandener reiner Düneninseln vor der Küste Frieslands und Ostfrieslands.

Plankton Sammelbezeichnung für kleine und Kleinstorganismen, die passiv treibend oder schwebend im lichtdurchfluteten Wasser leben, aber ihre horizontale Position nicht aktiv bestimmen können.

Priel Rinne in Watt und Salzwiese, über die das Meerwasser auf- und abläuft.

salzresistent Durch verschiedene Anpassungen befähigt, an einen salzhaltigen Standort zu leben.

Salzwiese Durch Salzwasser beeinflusste Wiese mit entsprechender Vegetation (Gegenteil: Süßwiese).

Sandplate Aus grobem Sand aufgeschichteter Bereich im Watt, der sich den Strömungen entsprechend verlagern kann.

Schutzdüne Bezeichnung für die hohen (> 16 m) Dünen einer Insel (zumeist Weißdünen), die eine natürliche Schutzfunktion vor Hochwasser und Sturmfluten haben.

Sedimente Aus den Flüssen ins Meer transportierte Partikel und Sandkörner, die bei beruhigtem Wasser wegen ihres höheren Gewichts absinken (Sedimentation).

Sommerdeich Niedriger Deich im Bereich der Vorländer, der das weidende Vieh vor kleinen Sommersturmfluten schützt.

Springtide Durch Voll- oder Neumond verursachte Erhöhung des Hochwassers und Verringerung des Niedrigwassers (Gegenteil: Nipptide).

Spritzwasserzone Bereich oberhalb der Mitteltidehochwasserlinie, deren Bewohner gelegentlich durch Gischt in Berührung mit Salzwasser kommen.

Spülsaum Siehe Flutmarke.

Sturmflut Durch Wind verursachte deutliche Erhöhung des Hochwassers.

Sublitoral Ständig überfluteter Bereich, der unterhalb der Niedrigwasserlinie liegt.

Teek/Treibsel Bezeichnung für die angespülten Reste von Seegräsern und Algen; vom Küstenschutz gern verwendet, um im Winter offene Flächen in den Dünen zu bedecken.

Tide Zeitraum einer Flut und einer Ebbe.

Tidenhub Unterschied zwischen Mitteltidehochwasser und -niedrigwasser, an der deutschen Küste zwischen 2 und 3 m. Aus dem arithmetischen Mittel der Tidenhübe wird der mittlere Tidenhub errechnet.

Übersandung Überdeckung mit Flugsand.

übersandungsstabil Pflanzen, die durch Herauswachsen der Übersandung trotzen.

Vorland/Vorländer Bezeichnung für die außerhalb der Deiche gelegenen Wiesen, die noch unter dem Einfluss des Meeres stehen.

Wassersäule Wasserbereich über einem definierten Ausschnitt des Meeresbodens.

Literatur

Aichele, D., Schwegler, H. W., 1998: Unsere Gräser. Stuttgart.

Baumann, H., Müller, T., 2001: Farbatlas Geschützte und gefährdete Pflanzen. Stuttgart.

Bezzel, E., 2004: Vogelfedern. München.

Brown, R., Ferguson, J. A., Lawrence, M., 2003: Federn, Spuren und Zeichen. Wiesbaden.

Busching, W. D., 1997: Handbuch der Gefiederkunde europäischer Vögel. Wiesbaden.

Colston, P., Burton, P., 1989: Limicolen. München.

Dreyer, E., Dreyer, W., 2003: Bäume. Stuttgart.

Erhardt, W., Götz, E., Bödeker, N., Seybold, S., 2002: Zander – Handwörterbuch der Pflanzennamen. Stuttgart.

Gedat, W., 2003: Märchen zu Pflanzen in den Salzwiesen und dem Land hinterm Deich. Oldenburg.

Haeupler, H., Muer, T., 2000: Bildatlas der Farn- und Blütenpflanzen Deutschlands. Stuttgart.

Kock, K., 1998: Das Watt. Rendsburg.

Køie, M., Kristiansen, A., 2001: Der große Kosmos-Strandführer. Stuttgart.

Kremer, B. P., 1975: Meeresalgen. Wittenberg.

Kremer, B. P., 2005: Steinbachs großer Pflanzenführer. Stuttgart.

Kuckuck, P., 1974: Der Strandwanderer. München.

Madge, S., Burn, H., 1989: Wassergeflügel. Hamburg.

Meyer-Deepen, J., Meijering, M. P. D., 1979: Spiekeroog – Naturkunde einer ostfriesischen Insel. Spiekeroog.

Nationalparkverwaltung Niedersächsisches Wattenmeer, Umweltbundesamt, (Hrsg.), 1999: Umweltatlas Wattenmeer. Stuttgart.

Pott, R., 1995: Farbatlas Nordseeküste und Nordseeinseln. Stuttgart.

Puchta, A., Richarz, K., 2006: Steinbachs großer Vogelführer. Stuttgart.

Ribani, H., Kuhbier, H., 1988: Blühende Phantasien. Dornum.

Rothmaler, W., 1999: Exkursionsflora. Atlas der Gefäßpflanzen. Stuttgart.

Scherf, G., 2004: Pflanzengeheimnisse aus alter Zeit. München.

Schmeil O., Fitschen J., 1996: Flora von Deutschland. Wiesbaden.

Svensson, L., Grant, P. J., Mullarney, K., Zetterström D., 1999: Der neue Kosmos-Vogelführer. Stuttgart.

Tuck, G., Heinzel, H., 1978: Meeresvögel der Welt. Hamburg.

Ziegelmeyer, E., 1966: Schnecken. Hamburg.

Ziegelmeyer, E., 1957: Muscheln. Hamburg.

Bildquellen

Fotos:

Oskar Angerer: S. 59 (re)
Heiko Bellmann: S. 59 (li)
Hans-Joachim Fünfstück: S. 212, 219, 226 (u), 229
Frank Hecker: S. 19 (re), 187, 188 (li), 189 (re), 192 (li), 195 (2), 199, 200 (2), 215, 220, 223 (li), 225, 230, 239, 240
Frank Hecker/E. Mestel: S. 233, 242
Frank Hecker/F. Sauer: S. 217, 223 (re), 226 (o)
Alfred Limbrunner: Umschlagfoto vorne, S. 209, 210, 211, 213, 214, 216, 218 (2), 221, 222, 224, 227, 228, 231, 232, 234, 235, 236, 237, 238, 241, 243
A. Maywald: S. 207
Thomas Muer: S. 83 (li), 91 (2), 95 (li), 113 (re)
Hans Reinhard: S. 27, 74 (re), 95 (re)
Martin Reuter: S. 33, 101, 124
Alle übrigen Fotos stammen vom Autor.

Zeichnungen:

Helmuth Flubacher, Waiblingen: Piktogramme und S. 7 nach Vorlagen des Autors.
Christiane Gottschlich, Berlin: Umschlaginnenseite hinten.

Register

bliografische Information der Deutschen bliothek
ie Deutsche Bibliothek verzeichnet diese ıblikation in der Deutschen Nationalbibliografie; etaillierte bibliografische Daten sind im Internet ıber http://dnb.ddb.de abrufbar.

Wollgrasweg 41
70599 Stuttgart (Hohenheim)
E-Mail: info@ulmer.de
Internet: www.ulmer.de
Umschlaggestaltung: Heinz Kraxenberger, München
Lektorat: Ina Vetter
Herstellung: Thomas Eisele
Satz: Typomedia GmbH, Ostfildern
Druck und Bindung: Offizin Andersen Nexö, Zwenkau
Printed in Germany

ISBN-13: 978-3-8001-4890-5
ISBN-10: 3-8001-4890-0